生物活性多肽特性与营养学应用研究

王立晖　著

图书在版编目(CIP)数据

生物活性多肽特性与营养学应用研究 / 王立晖著.
—天津:天津大学出版社,2016.11(2025.1重印)
ISBN 978-7-5618-5725-0

Ⅰ.①生… Ⅱ.①王… Ⅲ.①生物活性-多肽-关系-食品营养-研究 Ⅳ.①Q516 ②R151.3

中国版本图书馆CIP数据核字(2016)第286594号

出版发行	天津大学出版社
地　　址	天津市卫津路92号天津大学内(邮编:300072)
电　　话	发行部:022-27403647
网　　址	www.tjupress.com.cn
印　　刷	永清县晔盛亚胶印有限公司
经　　销	全国各地新华书店
开　　本	169mm×239mm
印　　张	9.75
字　　数	202千
版　　次	2016年11月第1版
印　　次	2025年1月第2次
定　　价	68.00元

Preface 前 言

生物活性肽是蛋白质中20个天然氨基酸以不同组成和排列方式构成的从二肽到复杂的线性、环形结构的不同肽类的总称，是源于蛋白质的多功能化合物。活性肽能够调节机体功能，营养、滋润、修复、赋活细胞，调节内环境，增强肌体免疫力，净化血液，促进血液循环等。活性多肽营养价值高、食用安全性高，具有提高食物氨基酸的利用率，提高矿物质的利用率，促进生长发育等功能，还在制药领域有着非常广泛的应用。科学家已在人体中发现了100多种生物活性肽，它们对于维持人体的神经、消化、生殖、循环等系统的正常生理活动起着非常重要的作用。

生物活性多肽因与人体健康的紧密关系而成为当前国际食品药品界最热门的研究课题和极具发展前景的功能因子。本书旨在介绍活性多肽的概念、性质、分类，活性肽与食品营养的关系以及活性肽的制备工艺等。本书可供从事生物活性多肽领域研究和开发的科研院所、企业的生产技术人员参考，也可作为高等院校相关专业师生的教学参考书。

由于时间仓促，加之作者水平有限，不足之处望广大读者积极指正。

王立晖

2016年2月于天津

Contents 目 录

第一章　多肽概述 ………………………………………………………… (1)

第一节　多肽的概念及性质 ………………………………………………… (1)

一、多肽的概念及分类 ……………………………………………………… (1)

二、多肽的来源及理化性质 ………………………………………………… (4)

第二节　多肽的研究及应用 ………………………………………………… (5)

一、多肽的研究历程 ………………………………………………………… (5)

二、多肽在医药领域的应用 ………………………………………………… (6)

三、多肽在食品及化妆品行业的应用 ……………………………………… (11)

第二章　活性肽 …………………………………………………………… (14)

第一节　海洋生物活性肽 …………………………………………………… (14)

一、鱼类肽 …………………………………………………………………… (14)

二、藻类肽 …………………………………………………………………… (16)

三、贝类肽 …………………………………………………………………… (17)

四、其他海洋生物肽 ………………………………………………………… (18)

第二节　陆地生物活性肽 …………………………………………………… (19)

、植物肽 ……………………………………………………………………… (20)

二、动物肽 …………………………………………………………………… (33)

三、其他陆地生物肽 ………………………………………………………… (43)

第三章　活性肽与食物营养 ……………………………………………… (48)

第一节　活性肽与食物营养简述 …………………………………………… (48)

一、活性肽营养学的概念 …………………………………………………… (48)

二、活性肽营养学的地位 …………………………………………………… (49)

三、活性肽营养学的发展趋势 ……………………………………………… (51)

第二节　活性肽在保健和功能食品中的应用 ……………………………… (52)

一、活性肽在抗氧化类食品中的应用 ……………………………………… (55)

二、活性肽在增强免疫力类食品中的应用 ………………………………… (63)

三、活性肽在增加骨密度类食品中的应用 ………………………………… (72)

四、活性肽在缓解体力疲劳类食品中的应用 ……………………………… (77)

五、活性肽在美容类食品中的应用 ………………………………………… (84)

六、活性肽在减肥类食品中的应用 …………………………………… (89)
第四章　活性肽的制备 ……………………………………………… (92)
第一节　常用活性肽制备方法 …………………………………… (92)
一、化学合成技术 ………………………………………………… (92)
二、分离提取法 …………………………………………………… (94)
三、基因表达法 …………………………………………………… (96)
四、酸碱等方法 …………………………………………………… (97)
第二节　新式活性肽制备方法 …………………………………… (98)
一、里程碑式的发现 ……………………………………………… (98)
二、酶法多肽的作用 ……………………………………………… (100)
三、酶法多肽的合成 ……………………………………………… (102)
四、酶法多肽合成的特点及优势 ………………………………… (104)
第三节　合成多肽的检测验证 …………………………………… (104)
一、多肽的结构分析方法 ………………………………………… (105)
二、多肽的一级结构确证 ………………………………………… (107)
三、合成多肽的纯度检查 ………………………………………… (110)
四、合成多肽生物学效价的测定 ………………………………… (111)
第五章　典型活性多肽酪啡肽的研究与制备 ……………………… (112)
第一节　酪啡肽的结构特征与生理功能 ………………………… (112)
一、阿片类生物多肽 ……………………………………………… (112)
二、酪啡肽的发现 ………………………………………………… (113)
三、酪啡肽的结构特征 …………………………………………… (114)
四、酪啡肽的生理功能 …………………………………………… (114)
第二节　酪啡肽的制备方法 ……………………………………… (116)
一、酶解法 ………………………………………………………… (116)
二、化学合成法 …………………………………………………… (120)
三、直接提取法 …………………………………………………… (121)
四、重组菌法 ……………………………………………………… (121)
第三节　酪啡肽制备最佳水解条件的确立 ……………………… (121)
一、水解试验过程与结果分析 …………………………………… (122)
二、水解样品制备 ………………………………………………… (129)
第四节　酪啡肽制备最佳分离条件的确立 ……………………… (129)
一、柱层析分离的试验方法 ……………………………………… (130)
二、凝胶层析分离试验条件的确立 ……………………………… (132)

三、胃蛋白酶水解样品层析分离结果与分析 …………………………… (136)
第五节　酪啡肽的高效液相色谱检测 ………………………………… (140)
一、酪啡肽的高效液相色谱检测的试验方法 ………………………… (140)
二、液相色谱检测试验结果与分析 …………………………………… (140)

第一章　多肽概述

多肽是人体蛋白质功能体现的结构单位，是生命活动必需的活性物质，广泛分布于人体各个组织和器官中，并调节人体各项生理功能。人体缺乏必要的多肽，免疫系统和其他功能系统就会发生紊乱，就会出现各种慢性病。

第一节　多肽的概念及性质

一、多肽的概念及分类

（一）氨基酸和蛋白质

多肽与氨基酸和蛋白质是密不可分的，在了解什么是肽以前，我们先了解一下什么是氨基酸和蛋白质。

1. 氨基酸

氨基酸（amino acid），是指含有氨基和羧基的一类有机化合物的通称，是生物功能大分子蛋白质的基本组成单位，是构成动物营养所需蛋白质的基本物质。

生物体内的各种蛋白质是由 20 种基本氨基酸构成的。除甘氨酸外均为 *L*-*α*-氨基酸（其中脯氨酸是一种 *L*-*α*-亚氨基酸），其结构通式如图 1-1 所示（R 基为可变基团）。

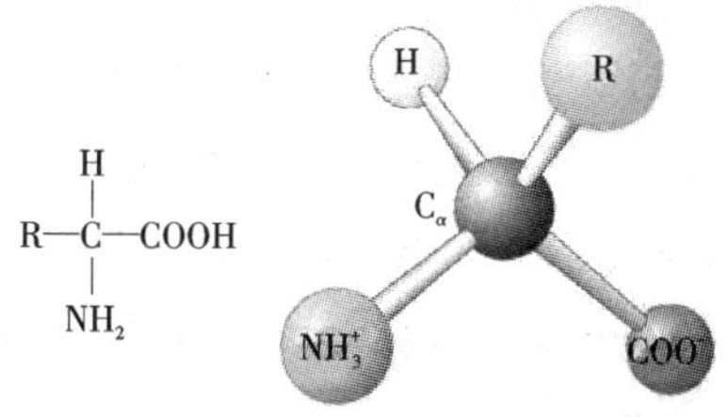

图 1-1　氨基酸的结构通式

除甘氨酸外,其他蛋白质氨基酸的 α-碳原子均为不对称碳原子(即与 α-碳原子键合的四个取代基各不相同),因此氨基酸可以有立体异构体,即可以有不同的构型(D-型与 L-型)。

从营养学的角度,可以将氨基酸分为必需氨基酸和非必需氨基酸。必需氨基酸指的是人体自身(或其他脊椎动物)不能合成或合成速度不能满足人体需要,必须从食物中摄取的氨基酸。对成人来讲必需氨基酸共有八种:赖氨酸、色氨酸、苯丙氨酸、甲硫氨酸、苏氨酸、异亮氨酸、亮氨酸、缬氨酸。如果饮食中经常缺少上述氨基酸,可能会影响健康。

非必需氨基酸的种类较多,包括丙氨酸、精氨酸、天门冬氨酸、胱氨酸、脯氨酸、酪氨酸等。“非必需”并非人体不需要这些氨基酸,而是人体可以通过自身合成或从其他氨基酸转化来得到它们,不一定非从食物中摄取不可。有些非必需氨基酸的摄入量,还可影响必需氨基酸的需要量。例如,当膳食中半胱氨酸和酪氨酸充裕时,可分别节省对蛋氨酸和苯丙氨酸的需要量。因此,半胱氨酸和酪氨酸又被称为半必需氨基酸或条件必需氨基酸。必需氨基酸与非必需氨基酸见表 1-1。

表 1-1　必需氨基酸与非必需氨基酸

必需氨基酸	非必需氨基酸
缬氨酸、亮氨酸	精氨酸、甘氨酸、丝氨酸
异亮氨酸、赖氨酸	组氨酸、天门冬氨酸、丙氨酸
甲硫氨酸、苏氨酸	酪氨酸、脯氨酸、羟氨酸
苯丙氨酸、色氨酸	半胱氨酸、谷氨酸、胱氨酸

2. 蛋白质

蛋白质是由 α-氨基酸按一定顺序结合形成一条多肽链,再由一条或一条以上的多肽链按照其特定方式结合而成的高分子化合物。蛋白质是构成人体组织器官的主要物质,在人体生命活动中起着重要作用,可以说没有蛋白质就没有生命活动的存在。每天饮食中的蛋白质主要存在于瘦肉、蛋类、豆类及鱼类中。

蛋白质分子上氨基酸的序列和由此形成的立体结构构成了蛋白质结构的多样性。蛋白质具有一级、二级、三级、四级结构,蛋白质分子的结构决定了它的功能。

一级结构(primary structure):氨基酸残基在蛋白质肽链中的排列顺序称为蛋白质的一级结构,每种蛋白质都有唯一而确切的氨基酸序列。

二级结构(secondary structure):蛋白质分子中肽链并非直链状,而是按一定的规律卷曲(如 α-螺旋结构)或折叠(如 β-折叠结构)形成特定的空间结构,这是蛋白质的二级结构。蛋白质的二级结构主要依靠肽链中氨基酸残基亚氨基(—NH—)上的氢原子和羰基上的氧原子之间形成的氢键而实现的。

三级结构(tertiary structure):在二级结构的基础上,肽链还按照一定的空间结构进一步形成更复杂的三级结构。肌红蛋白、血红蛋白等正是通过这种结构使其表面的空穴恰好容纳一个血红素分子。

四级结构(quaternary structure):具有三级结构的多肽链按一定空间排列方式结合在一起形成的聚集体结构称为蛋白质的四级结构。如血红蛋白由4个具有三级结构的多肽链构成,其中两个是α-链,另两个是β-链,其四级结构近似椭球形状。

蛋白质的四级结构如图1-2所示。

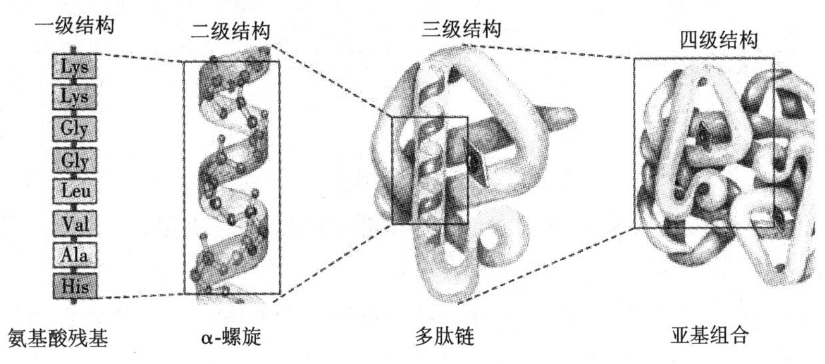

图1-2　蛋白质的四级结构

(二)多肽的概念

多肽也简称为肽(peptide),是α-氨基酸以肽键连接在一起而形成的化合物,它也是蛋白质水解的中间产物。

一般肽中含有的氨基酸的数目为2~9,根据肽中氨基酸的数量的不同,肽有多种不同的称呼:由两个氨基酸分子脱水缩合而成的化合物叫作二肽,同理类推还有三肽、四肽、五肽等,一直到九肽。通常由10~100个氨基酸分子脱水缩合而成的化合物叫多肽,它们的分子量低于10 000 Da(Dalton,道尔顿),能透过半透膜,不被三氯乙酸及硫酸铵所沉淀。也有文献把由2~10个氨基酸组成的肽称为寡肽(小分子肽);10~50个氨基酸组成的肽称为多肽;由50个以上的氨基酸组成的肽就称为蛋白质,故蛋白质有时也被称为多肽。

(三)多肽的分类

多肽有生物活性多肽和人工合成多肽两种。

生物活性多肽是由蛋白质中20个天然氨基酸以不同组成和排列方式构成的从二肽到复杂的线性、环形结构的不同肽类的总称,是源于蛋白质的多功能化合物。活性肽具有多种人体代谢和生理调节功能,易消化吸收,有促进免疫、调节激素、抗菌、抗病毒、降血压、降血脂等作用,食用安全性极高,是当前国际食品界最热门的研究课题和极具发展前景的功能因子。

人工合成多肽是以氨基酸为原料,用化学方法合成的多肽或蛋白质。其目的是:

(1)验证天然多肽或蛋白质的结构;

(2)生产天然的、在生物体内含量极微但有医疗或其他生物效用的多肽;

(3)改变部分结构,研究其结构与功能的关系,以设计更有效的药物。

二、多肽的来源及理化性质

(一)多肽的来源

多肽大体上有以下几种来源。

(1)乳肽:主要由动物乳中酪蛋白与乳清蛋白酶解制得,比原蛋白更易溶解于水和被人体消化吸收,且耐酸、耐热、渗透压低,是活性肽中需求量最大、应用最广的保健食品素材。

(2)大豆肽:由大豆蛋白酶解制得。具有低抗原性和抑制胆固醇、促进脂质代谢及发酵等功能。用于食品能快速补充蛋白质源,消除疲劳以及作为双歧杆菌增殖因子。

(3)玉米肽:由玉米蛋白酶解制得。具有抗疲劳,改善肝、肾、肠胃疾病患者营养的功能,并可促进酒精代谢,用于醒酒食品。

(4)豌豆肽:由豌豆蛋白酶解制得。口味温和,廉价,可用于婴儿配方乳粉。

(5)卵白肽:由卵蛋白酶解制得。具有易消化吸收、低抗原、耐热等特点,可用于流动食品、营养食品或糕点中。

(6)畜产肽:由牲畜肌肉、内脏、血液中的蛋白酶解制得,如脱脂牛肉酶解制得牛肉肽,含较高支链氨基酸和肉毒碱,是低热量蛋白质补充剂;新鲜猪肝经酶解、脱色、脱臭、超滤精制得肝肽,可作促铁吸收剂,用于婴儿食品、饮料、糕点等;猪血经酶解制得血球蛋白肽,可用于各类食品。

(7)水产肽:由各种鱼肉蛋白酶解制得。如沙丁鱼肽,是血管紧张素转换酶抑制肽,不含苦味,可用于制作防治高血压的保健食品或制剂。

(8)丝蛋白肽:由蚕茧丝蛋白酶解制得。具有促进酒精代谢、降低胆固醇、预防痴呆等多种功能,可用于醒酒食品和特种保健食品。

(9)复合肽:由动植物、水产、畜产等多种蛋白质混合物酶解制得。具有改善脂质代谢功能,可用于各类保健食品。

(二)多肽的理化性质

1. 多肽的物理性质

肽的两性:与氨基酸相似,肽类物质也具有两性和等电点。利用多肽的等电点,可以进行肽类物质的分离。

黏度与溶解度:天然蛋白的水溶液当其浓度超过 13% 时就会形成凝胶,不利于蛋白溶液的制备;而多肽即使在 50% 的高浓度下和在较宽的 pH 范围内仍能保持溶解状态,同时还具有较强的吸湿性和保湿性,这使高蛋白饮料和高蛋白果冻的生产成为可能。

渗透压和对产品质构的调节作用:当一种液体的渗透压比体液高时,易使人体周边组织细胞中的水分向胃肠移动而出现腹泻。多肽溶液的渗透压比氨基酸溶液要低,因此可以克服因氨基酸溶液渗透压高而导致的问题。

多肽具有抑制蛋白质形成凝胶的性能,可利用此性质来调整食品的质构。如水产、肉、禽蛋白在加热时因形成凝胶而变硬,适量加入大豆多肽,就会起到软化的作用。

2. 多肽的化学性质

肽类物质的化学性质和氨基酸基本相同,都是由其特征性官能团决定的,如与茚三酮的反应、与邻苯二甲醛的反应、与荧光胺的反应等。但肽和蛋白可以发生双缩脲反应而氨基酸则不能。

第二节 多肽的研究及应用

一、多肽的研究历程

从肽的发现到后来的逐步发展和产业化,已经有一百多年的历史,以下是其研究发展的大致脉络。

1902 年,伦敦医学院的两位生理学家贝利斯(Bayliss)和斯塔林(Starling)在动物胃肠里发现了胰泌素,这是人类第一次发现多肽物质。

1952 年,美国生物化学家斯坦利·科恩(Stanley Cohen)在将肉瘤植入小鼠胚胎的试验中,发现小鼠交感神经纤维生长加快、神经节明显增大。1960 年,这种现象被证明是因一种多肽物质在起作用并将此多肽物质称为神经生长因子(NGF)。

20 世纪 60 年代,梅里菲尔德(Merrifield)首次提出多肽固相合成法(简称 SPPS),并因此于 1984 年荣获诺贝尔化学奖。

1965 年,我国科学家成功合成结晶牛胰岛素,这是世界上第一次人工合成多肽类生物活性物质;此胰岛素就是 51 肽。

20 世纪 70 年代,神经肽的研究进入高峰,脑啡肽及阿片肽相继被发现,人类开始了对多肽影响生物胚胎发育的研究。

1975 年,休伊斯(Hughes)和科斯特里兹(Kosterlitz)从人和其他动物的神经组织中分离出了内源性肽,开拓了“细胞生长调节因子”这一生物制药新领域。

1986 年,诺贝尔生理学和医学奖同时授予发现“生长因子”的美国生物化学家斯坦利·科恩(Stanley Cohen)和意大利女生物学家丽塔·莱维-蒙塔尔奇尼(Rita Levi-Montaleini)。

1987 年,美国批准了第一个基因药物——人胰岛素。

20 世纪 90 年代,人类基因组计划启动。随着一个个基因被解密,多肽研究及其应用出现空前繁荣的局面。基因表达的生命现象都是由蛋白质呈现的,于是科学家把眼光放在生物工程的另一个庞大的计划上,那就是蛋白质工程,而蛋白质工程从某种意义上说就是多肽研究。

1996 年,中国制药企业三九集团旗下的武汉九生堂生物工程有限公司用生物酶降解全卵蛋白,人工合成世界上第一个小分子活性多肽,即“酶法多肽”,并实现了工业化和产业化。《人民日报》海外版报道了这一消息,震惊了世界。发明人邹远东,获得联合国“和平使者”称号及国家发明创业奖。

2005 年,瑞典皇家科学院宣布,将 2004 年诺贝尔化学奖授予以色列科学家阿龙·切哈诺沃(Aaron Ciechanover)、阿夫拉姆·赫什科(Avram Hershko)和美国科学家欧文·罗斯(Irwin Rose),以表彰他们发现了泛素介导的蛋白质降解。

蛋白质是构成包括人类在内的一切生物的基础,科学家在这个领域的研究成果,代表了 21 世纪的高端科技。

二、多肽在医药领域的应用

(一)治疗用多肽

自然界中存在着大量的生物活性多肽,在生理过程中发挥着非常重要的作用,涉及分子识别、信号转导、细胞分化及个体发育等诸多领域。这些活性多肽可以开发为药物、疫苗等应用于临床。

近十年来,国外对生物活性多肽进行了大量的基础和应用研究,并将一系列多肽药物推向市场,获得了巨大的经济及社会效益。

1. 内源性多肽

随着人类基因组计划的完成和蛋白质组学及其他组学研究的广泛开展,人类对自身的认识越来越深入,对于体内多肽、蛋白质功能的了解越来越透彻。存在于体内的信号分子有相当数量是肽和蛋白质,许多疾病的发生、发展均与这些物质的失衡有关。因此,源于生物体本身的蛋白质、多肽类药物日益受到重视,它们被称为内源性活性多肽或蛋白质。由于生物活性多肽在体内含量极少而效应极强、分布广泛,因而为多种药物研发提供了天然先导化合物。

2. 外源性多肽

生物活性多肽的另一重要来源是外源性肽,尤其是源于动物的多肽类毒素和抗生素,如:蜂毒、蛇毒、蛙毒、蝎毒及芋螺毒素等。其生理效应强,作用广泛,在药物研发中已引起极大关注,特别是在镇痛、抗炎、抗肿瘤及治疗神经系统疾病领域,不乏已经被开发为药物的先例。目前主要是从生物肽库(噬菌体、细菌、酵母以及哺乳细胞表面肽库)内筛选生物活性多肽。

3. 合成多肽

内源性和外源性生物活性多肽为多肽药物研发提供了巨大的天然活性肽库,尽管它们可以直接开发为药物,但由于其固有的特性,往往需要经过化学修饰,赋予其适合药物开发的特性,才能开发为有价值的药物。以内源性和外源性生物活性多肽为先导的多肽药物研发是新药研发的捷径之一,给多肽药物提供了更广阔的发展空间。20 世纪 80 年代末至 90 年代出现的生物(基因)合成肽库和化学合成肽库,给多肽药物以及制药工业带来革命性进展。合成多肽 1998 年被美国科学家评为进展最快的十个领域之一。

4. 多肽药物的优点

多肽药物多数源于内源性肽或其他天然肽,因此其结构清楚,作用机制明确;与一般有机小分子药物相比,多肽药物具有活性高、用药剂量小、毒副作用小、无代谢异化等突出特点,与蛋白质药物相比,较小的多肽免疫原性较低;可化学合成,产品纯度高,质量可控。另外,多肽药物可运用多种手段进行化学修饰,对多肽药物本身的分子结构进行改造,以改变其理化性质和药代动力学性质(易酶解、半衰期短、口服生物利用度低)。而化学修饰是多肽药物的重要研究内容。科研人员可以根据多肽药物的这些特点,进行结构设计和化学修饰,充分发挥其优点,克服或避免其缺点,针对相应的适应症,达到研发的预期目标。

5. 多肽药物的缺点

(1)多肽药物的结构限制:多肽药物的化学结构决定其活性,影响活性的结构因素主要为氨基酸及其排序、末端基团、肽链和二硫键位置等。此外,药物的空间结构即二维、三维结构也同样影响其生物活性。另外,多肽的分子量较大,颗粒大小在 1 ~ 100 nm 之间,因此不能透过半透膜,这也是其药用的限制因素之一。

(2)多肽药物的稳定性限制:多肽药物在体内外环境可能因受到多种复杂的化学降解和物理变化而失活,如凝聚、沉淀、消旋化、水解及脱酰胺基等。

(3)多肽药物的生物利用度限制:多肽及蛋白质药物半衰期短、清除率高、细胞膜转运能力差、易被体内酶和细菌及体液破坏,非注射给药生物利用度低,一般仅为百分之几。

(二)诊断用多肽

目前,用多肽抗原装配的抗体检测试剂包括:肝炎病毒、艾滋病病毒、人巨细胞病毒、梅毒螺旋体、囊虫、锥虫、莱姆病及类风湿等检测试剂。使用的多肽抗原大部分是从相应致病体的天然蛋白中分析筛选获得的,有些是从肽库内筛选的全新小肽。同时可制备标记多肽用作造影剂进行影像性检查和诊断。

(三)多肽作为药物载体及前体药物的应用

多肽在体内表现出载体作用,可将目的药物吸附、粘贴、装载于载体上;而且多肽是一种生物活性物质,毒性作用较小,具有良好的生物相容性,可制成各种载体材料控制药物释放。因此,近年来将多肽作为药物载体、利用多肽对药物载体进行修饰及将多肽用于前体药物等领域逐渐引起人们的关注,具有良好的应用前景,也拓宽了多肽在医药领域的应用范围。

1. 受体导向的多肽靶向药物载体

小片段多肽具有低毒性、靶向性、无免疫原性、良好的生物相容性等特点。研究已发现,肿瘤细胞表面会高表达多肽类受体,因此一些短肽可作为导向物,以配体—受体特异性结合的方式应用于靶向药物递送系统。短肽在各种受体介导的靶向药物递送系统中的作用受到越来越广泛的研究。

(1)蛙皮素(bombesin,BN)/胃泌素释放多肽(gastrin releasing peptide,GRP)受体介导的靶向药物递送系统:Keller 等应用 RT-PCR 技术及放射配基综合试验对 3 种肾癌细胞株(A498、ACHN 及 786-0)进行了分析,结果表明这些细胞株的细胞膜上都有 BN/GRP 受体的表达。将一种蛙皮素 Gln-Trp-Ala-Val-Gly-His-Leu-ψ(CH_2—NH)-Leu-NH_2(RC-3094)作为配体,与吡咯啉阿霉素(2-pyrrolino doxorubicin,P-DOX,AN-201)制成蛙皮素复合物(AN-215),研究发现 AN-215 与肾癌细胞膜上的 GRP 受体的亲和力较高;与游离的 AN-201 比较,其抑瘤效果更显著,A498、ACHN 及 786-0 肿瘤体积和重量分别减少了 64.9%、74.9%、59.2%,60.7%、67.6% 和 65.4%;而游离的 AN-201 对肾癌细胞增殖基本没有抑制效果。

Nagy 等将羧基末端 BN-(6-14)或 BN-(7-14)五肽序列的蛙皮素与阿霉素(doxorubicin,DOX)或 AN-201 形成蛙皮素复合物,其结构共同点是在 13 位和 14 位之间存在一个缺失的肽键(CH_2—NH 或 CH_2—N),与五肽序列 BN/GRP 受体的亲和力高。体外试验证明,二者对表达 BN/GRP 受体的膜腺癌细胞、肺癌细胞、前列腺癌细胞和胃癌细胞具有相似的抑瘤效果。

(2)生长抑素(somatostatin,SRIF)受体(SSTs)介导的靶向药物递送系统:结肠直肠癌的治疗通常面临抑癌基因 p53 的变异,严重阻碍了治疗的进展。Szepeshazi 等研究发现结肠直肠癌细胞膜上高表达 SSTs。将 SRIF 类似物 RC-121 与 AN-201 连接,形成靶向 SRIF 复合物(AN-238),能将药物 AN-201 定向转运到肿瘤细胞,使肿瘤细胞内药物的浓度得到显著提高。

(3)十肽 SynB3 受体介导的靶向药物递送系统:近年来,Castex 等研究了许多小分子多肽类载体及其应用,例如十肽 SynB3 可通过受体,介导药物(包括抗肿瘤药物)在脑部的吸收。将一种 SynB3 与 AN-201 通过丁二酸即共价连接形成复合物 P-DOX-SynB3。该复合物能显著增加 AN-201 的脑部吸收,同时减少 DOX 的心脏毒副作用。

(4)黄体酮释放激素(luteinizing hormone releasing hormone,LHRH)受体介导的靶向药物递送系统:Buchholz 等把 LHRH 作为靶向配体,连接 DOX 或 AN-201 形成复合物(AN-207)。对乳腺癌细胞的体外试验结果表明,LHRH 可作为多肽配体,将药物靶向转运到各种表达 LHRH 受体的肿瘤细胞,如乳腺癌细胞、卵巢癌细胞、子宫内膜癌细胞及前列腺癌细胞等,从而更好地发挥抗癌作用,显著抑制肿瘤细胞增殖。对 3 种卵巢癌细胞株 UCI-107、OV-1063 和 ES-2 以不同方式给药的体内试验结果显示,靶向蛙皮素的复合物(AN-215)、靶向生长抑素的复合物(AN-238)和靶向黄体酮释放激素的复合物(AN-207)单独给药均对卵巢癌细胞有显著抑制作用,而不会诱导耐药基因表达。

(5)其他多肽介导的靶向药物递送系统:Pan 等证明包含 RGD(Arg-Gly-Asp)序列的寡肽$(K)_{16}$GRGDSPC 是一种易合成的、高效无毒的载体,可把外源性基因靶向转入小鼠的骨髓基质细胞(BMSCs)内。

Szynol 等筛选出一个源于富组蛋白的含有 14 个氨基酸的小分子多肽(dhvar5),具有高度疏水的 N 末端及带阳离子 C 末端,因此具有两亲性。利用重组技术将合成的 dhvar5 与一种重链抗体 VHH 进行重组形成免疫交联物 VHH-dhvar5,并在 VHH 和 dhvar5 之间插入 Xa 因子切割位点,可提高活性物质的释放。

2. 穿膜肽作为药物载体的应用

近年来一些具有生物膜穿透作用的多肽,即穿膜肽(cell-penetrating peptides,CPPs)相继被发现。研究表明,这些多肽具有水溶性和低裂解性,并可通过非吞噬作用进入细胞,甚至细胞核,可以将大于本身 100 倍的分子运入细胞内,而且对宿主细胞几乎没有毒性作用。

迄今为止,已发现穿膜肽可介导蛋白质、多肽、寡聚核酸、DNA、质粒及脂质体等一系列生物大分子进入各种不同的组织和细胞,发挥各自的生物活性。天然穿膜肽的发现始于1988年,Green和Frankel证实HIV-1反式激活蛋白Tat能跨膜进入细胞质和细胞核内;1997年,Vives等发现HIV-Tat中一个富含碱性氨基酸、带正电荷的多肽片段与蛋白转导功能密切相关,称之为蛋白转导域(protein transduction domain,PTD)。

研究较多的天然穿膜肽有三种,分别来自HIV-1、HIV-Tat、果蝇同源异型转录因子Antp和单纯疱疹病毒1型(HSV-1)VP22转录因子。此外,四川大学研究发现人鼠同源的钟蛋白的DNA结合序列也是一种穿膜肽,称为钟蛋白穿膜肽,该穿膜肽已被申请国家专利。另外,还在人周期蛋白(humanperiod1)、信号转导蛋白SynB1、纤维母细胞生长因子FGF-4、HIV融合蛋白gp41、朊病毒、外毒素A、y分泌酶等其他蛋白质中发现具有穿膜效应的多肽序列。这表明穿膜肽可能广泛存在于自然界。

在对天然穿膜肽的研究中,人们逐渐发现了一些与穿膜活性有关的结构特点,从而利用这些特点设计合成了一些穿膜多肽,进一步促进了穿膜肽的研究和发展。天然穿膜肽均为带正电荷的长短不等的多肽片段,其中富含Arg和Lys等碱性氨基酸残基。利用这一特性,现已人工合成了具有穿膜能力的多聚Arg和多聚Lys;而且9个Arg和9个Lys残基构成的序列比Tat蛋白转导域的蛋白转导活性更强。圆二色谱分析发现,众多天然穿膜多肽均具有α-螺旋结构,目前已在这一理论基础上设计出具有更加规则α-螺旋结构的穿膜肽,体内外试验证实,改良的穿膜肽穿透力更强、效率更高。

3. 聚多肽共聚物自组装的药物载体作用

由氨基酸及其衍生物聚合形成的聚多肽,因其独特的结构和性能,近年来在分子链构象研究、蛋白质结构模拟和生物医学等领域受到了关注。其中两亲性聚多肽共聚物的自组装行为的研究为开发具有生物安全性、可控释、可降解的新型药物载体创造了条件。有关两亲性聚多肽共聚物,特别是接枝共聚物的自组装行为和载药性能的研究报道,目前尚不多,许多影响因素也未做研究。

4. 多肽在药物载体修饰剂方面的应用

除直接用作药物载体外,多肽也可用于对其他常用药物载体,如脂质体、PEG等进行修饰。

Maria等将包含RGD三肽序列的多肽连接到脂质体的磷脂基团,同时对所制备的脂质体多肽进行纯化与分析。

Maeda等分离出Ala-Pro-Arg-Pro-Gly(APAPG)多肽,能特异性地结合于肿瘤新生血管。应用APAPG修饰的脂质体几乎可以主动靶向到所有的实体瘤。

5. 多肽在前体药物方面的应用

阿霉素具有广泛的抗肿瘤作用,但是由于缺乏靶向性,其毒性比较大。DiatosSA公司研发的DTS-201,将阿霉素与小肽结合制成前体药物。试验表明,该前体药物可被两种肿瘤特异性多肽酶分解，在肿瘤部位释放出阿霉素，从而提高阿霉素的靶向性，降低其毒副作用，而该前体药物本身没有药理活性。临床前研究已证明其疗效优于阿霉素，I 期临床试验所用剂量达到阿霉素的 3.75 倍仍具有良好的耐受性。

(四) 多肽芯片 (peptide chip) 的应用

多肽芯片是生物芯片的一种，它采用光导原位合成或微量点样等方法，将大量多肽分子有序地固化于支持物（如玻片、硅片、聚丙烯酰胺凝胶及尼龙膜等）表面，组成密集的二维分子排列，可利用分子间的特异性相互作用，对待测物质进行快速、并行、高效的检测分析，用于药物的高通量筛选及蛋白质鉴定等。将待分析的蛋白质与相互之间的构造存在细微差别的多个多肽相结合后，可通过蛋白质与多肽的结合模式来鉴定蛋白质。如果能够获知与特定的蛋白质特异结合的多肽，则可将其用于候选药物的设计。

一般而言，制造 α-螺旋和 β-折叠等多肽立体结构需要特定的氨基酸序列。目前已合成了具有立体结构的多肽。每次只需把多肽中氨基酸的种类稍加改变，就可合成出 100 多种具有相同立体结构而内部序列有微妙差异的多肽。一枚芯片上固定多肽的数量大约为 3 000 个。多肽与蛋白质不同，可以将其作为化合物处理，所以将多肽固定在基板上比较容易，而且其立体结构也比较稳定。

三、多肽在食品及化妆品行业的应用

(一) 多肽在食品行业的应用

多肽在食品行业主要用于功能食品和食品添加剂。20 世纪 60 年代，从牛乳中提取的酪蛋白磷酸肽作为促进钙吸收的功能多肽开始在幼儿食品中应用。目前酪蛋白磷酸肽作为食品添加剂已在全世界 80 多个国家得到应用。

1997 年，日本森永乳业将乳清中分离的乳蛋白多肽添加到婴儿奶粉中，用于调节婴幼儿对牛奶的变态反应。目前已有 8 种含乳蛋白多肽的产品上市。此外，森永乳业还开发了营养多肽 W-8、脂蛋白多肽 C-2500 及用以发泡和乳化的乳化多肽 C-80。

多肽抗生素乳酸链球菌素对革兰氏阳性菌具有广泛的抑制作用，对人体基本无毒，也不会与医药抗生素产生交叉耐药，已被作为食品防腐剂用于阻止乳制品腐败。

阿斯巴甜是由 Phe 与 Asp 组成的二肽非糖甜味剂，其甜度为蔗糖的 200 倍，可供糖尿病患者等忌糖者食用，且热量低，可用于减肥保健品。目前二肽甜味素已被 70 多个国家批准用于食品。此外，Lys 二肽已被证明是有效的阿斯巴甜替代品，其不呈现酯的性质，因而在食品加工和储存过程中更加稳定。

除作为甜味素外,其他一些多肽也可作为食品感官肽,如苦味肽、酸味肽、咸味肽、风味肽、抗氧化肽及表面活性肽等。风味肽可作为加工食品的风味和香味的前体,起到增强食品风味的作用。表面活性肽则可作为食品稳定剂和乳化剂。食品感官多肽在我国的生产和应用刚刚起步,但市场潜力巨大,值得进一步研究与开发。

(二)多肽在化妆品行业的应用

皮肤生理学及分子生物学研究表明,低分子量小肽在化妆品中具有广泛的应用前景。

阿基瑞林(argireline)是由六个氨基酸组成的多肽,也称为类肉毒杆菌,在对10名健康女性进行的试验中,受试者使用阿基瑞林30天,皱纹深度显著降低。研究发现,其作用机制类似于肉毒神经毒素,但毒性较小,高剂量下未发现口服毒性及刺激性,目前已被应用于化妆品。两种五肽的棕榈酸衍生物也被开发用于皮肤修复,体外研究发现棕榈酰五肽-4可以促进胶原蛋白、弹力蛋白及氨基葡聚糖的合成,临床试验则显示,其可以修复光辐射对皮肤的损伤。

(三)多肽在农牧业的应用

1. 多肽在农业的应用

1)植物内源性多肽激素

到目前为止,被普遍认可的植物多肽激素有4种:系统素、SCR、CLV3和植物磺肽素。它们分别参与植物的防御反应、花粉—柱头识别过程、茎端生长点干细胞数目维持和细胞的分裂。

(1)系统素:Pearce等于1991年从被昆虫攻击的番茄叶中发现了高等植物中第一个多肽激素——系统素(systemin)。系统素是植物系统性防御反应的信号分子,能诱导受伤叶片及一定距离内的未受伤叶片产生蛋白酶抑制剂,这些蛋白酶抑制剂进入昆虫肠道后,能直接影响其消化系统功能,从而抑制昆虫对植物的进一步侵害。

(2)SCR:很多植物特别是芸薹属植物中存在自交不亲和(self-incompatibility,SI)现象,即一株植物的花粉落到自身的柱头上时不能完成授粉过程,这种防止自交的机制有利于保持物种遗传的多样性。分子生物学研究表明,雌株中存在两个SI位点蛋白——SLG和SRK,它们均在柱头表面乳突中表达。在花药中,SI位点编码一个只在绒毡层中表达的富含Cys的胞外多肽SCR/SPII。SCR/SPII由绒毡层产生并被分泌到花粉粒。当花粉粒落到柱头上时,SCR/SPII能够与柱头上的受体复合体SLG/SRK相互作用。

(3)CLV3:20世纪80年代剑桥大学Ian Fumerl试验室分离到第一组茎端生长点

变大的突变体。除了生长点变化外,这些突变体的花器官数目也有不同程度增加。由于其心皮数目增加导致其种荚呈现棒球棍的形状,故被命名为 Clavata1(CLV1)。此后人们又得到了另外两个生长点变大的遗传位点,并分别定名为 CLV2 和 CLV3。CLV3 是研究得较为清楚的一个调控植物发育的多肽激素。生物信息学分析发现 CLV3 中含有一个包含 14 个氨基酸的保守序列。到目前为止,已在拟南芥、水稻、玉米和线虫等物种中发现至少 46 个蛋白质含有该序列。

(4)植物磺肽素:植物悬浮培养细胞存在密度效应。细胞培养液稀释到一定程度后细胞就很难再分裂,甚至在补充植物激素和营养物质之后也难以提高其有丝分裂活性。这说明悬浮培养细胞存在一种能够感受培养细胞密度的非激素因子。研究人员采用辅助培养的方法(即把低密度的靶细胞靠近高密度辅助细胞一起培养,但不直接接触)发现低密度培养细胞能够感受由高密度培养细胞释放到胞外的一种细胞分裂促进因子,即植物磺肽素(phytosulfokine,PSK)。它是在植物中发现的第一个多肽类生长因子。现已证明 PSK 在植物的不同生长阶段,可以促进诸如日本柳杉体细胞胚胎发生和根、芽的形成及花粉的产生,高浓度 PSK 能够延缓热胁迫幼苗的衰老、影响单个细胞生长和寿命的潜能。以上激素在植物病虫害防治及农作物培育方面具有重要的价值。

2)多肽作为肥料增效剂的应用

聚 Asp 属于聚氨基酸的一种。相对分子质量在 3 000 ~ 5 000 的聚 Asp 供给植物时(通常在根部或叶片),能增强植物对肥料的摄取,使植物更有效地利用养分,故称为肥料增效剂。研究显示,在相同施肥量情况下,使用聚 Asp 能增加谷物产量;在得到相同谷物产量的情况下,可使用聚 Asp 减少 1/3 ~ 1/2 的肥料用量,对稻飞虱的防治有明显的增效作用,虫口减退率比单用杀虫剂处理有显著提高。

2. 多肽在畜牧业的应用

诺西肽(nosiheptide)属于含硫多肽抗生素,1961 年由法国化学家首先发现,后在比利时、美国、法国等多个国家进行动物喂养试验。试验结果表明,其具有良好的促进动物生长的作用,可以提高饲料利用率,且具有用量小、无残留、毒性小等优点。20 世纪 80 年代,其工业化生产技术获得突破后在日本上市,当年销售额达 10 亿日元。我国于 1998 年批准其作为国家三类新兽药,允许其作为药物添加剂在饲料中长期使用。

第二章 活性肽

第一节 海洋生物活性肽

早在2 000多年前，中国人就懂得利用海洋生物来防病治病，中国可谓是世界上最早应用海洋药物的国家。历代医书均有海洋药物的记载，诸如《黄帝内经》记载以乌贼骨作为丸饮、以鲍鱼汁治血枯，《山海经》中记载的海洋药物有27种，《神农本草经》记载的海洋药物有10种，《本草纲目》记载的海洋药物近100种。海洋生物所处的生态环境比陆地生物所处的环境复杂得多，故其赋予海洋生物的某些特异化学结构是陆地生物所不具有的。肽与蛋白质是海洋生物中含量极其丰富的生理活性物质，这就使海洋成为生物活性肽的资源宝库。

海洋生物活性肽即从海洋动物蛋白质中获得的生物活性肽。目前研究的海洋生物活性肽类主要来源于海绵、海鞘、芋螺、海葵、海星、海藻、海兔和海洋鱼类等海洋生物。很多海洋肽类具有抗肿瘤、抗艾滋病、抗真菌、抗病毒以及免疫调节等生物活性。这类源自海洋动物的活性肽有"海参多肽""鲍鱼多肽""海虾环肽""龙虾多肽""磷虾多肽""鲑鱼多肽"等；从海洋植物蛋白质中获得的生物活性肽有"紫菜多肽""海藻多肽""海带多肽""海笋多肽"等。

一、鱼类肽

鱼类是人们最早食用的海洋生物之一，其体内含有丰富的蛋白质，营养价值相当高。但从其中开发具有药用价值的活性物质的研究却较少。曾有报道从铜吻蓝鳃太阳鱼中分离并鉴定出4种具缓激肽活性的肽类，对鱼肠组织细胞具有强烈的刺激作用。还有研究从大西洋鳕鱼（*Gadus morhua*）、虹鳟（*Oncorhynchus mykiss*）、欧洲鳗鲡（*Anguilla anguilla*）等鱼类的嗜铬细胞组织中提取到一系列的生物活性肽及其类似物，并利用免疫组织化学方法研究其在细胞组织中的作用，发现此类肽与肾上腺素受体具有一定的亲和性，可能具有控制儿茶酚类物质释放的作用。常见的鱼类肽有以下几种。

(一)鲨肝肽

郭昱等研究了鲨肝肽对小鼠免疫性肝损伤的保护作用及免疫调节作用,结果表明,鲨肝肽能有效阻止免疫性肝炎小鼠血清转氨酶含量的异常升高,明显减轻肝脏损伤,提示鲨肝肽可用于研发治疗肝炎和调节免疫的药物。吕正兵等研究了鲨肝活性肽对硫代乙酰胺所致小鼠急性肝损伤的保护功能,经病理切片观察和细胞分子水平的分析表明,鲨肝肽具有减少肝细胞凋亡、保护亚细胞结构和抗肝细胞坏死的作用。范秋领等也研究了鲨肝肽对硫代乙酰胺所致大鼠急性肝损伤和肝线粒体功能的影响,结果表明,鲨肝肽能明显抑制硫代乙酰胺造成的急性肝损伤和脂质过氧化,改善因硫代乙酰胺而受损的线粒体呼吸功能。袁述等用鲨鱼肝再生因子(sHRF)给切除部分肝脏的大鼠注射,观察其对肝脏细胞再生的促进作用。结果发现,sHRF 在短期内对大鼠肝脏部分切除术后再生有明显的促进作用,其机制可能是 sHRF 在促进肝脏细胞再生过程中,使血清甲胎蛋白和肝细胞中一氧化氮的含量升高,从而促进肝细胞再生加速。

(二)鲨鱼多肽

鲨鱼软骨中存在一类多肽,能通过阻止肿瘤周围毛细血管生长而达到抑制肿瘤的作用,对肺癌、肝癌、乳腺癌、消化道肿瘤、子宫颈癌、骨癌等均有抑制作用。陈建鹤等用盐酸胍抽提姥鲨软骨蛋白,采用超滤和分子筛柱层析等方法分离纯化获得新生血管抑制因子 Sp8,Sp8 在体外能抑制血管内皮细胞增殖,抑制新生血管生长,体内能抑制小鼠移植 S180 肉瘤生长。

(三)鱼精蛋白肽

李龙江等研究认为,鱼精蛋白可明显降低肿瘤内血管密度,具有抗肿瘤作用,其原因在于鱼精蛋白可抑制血管生成并诱导细胞凋亡。体外试验研究发现,鱼精蛋白能明显抑制鸡胚绒毛尿囊膜上的血管生成,给移植瘤和瘤动物皮下注射鱼精蛋白,肿瘤生长明显受到抑制。

(四)鱼类抗菌肽

目前有关鱼类抗菌肽的活性和功能研究多数在体外进行,许多抗菌肽对鱼类特异的甚至其他动物的病原微生物都具有杀伤活性。Oren 等从豹鳎体上分离到一种有 33 个氨基酸残基的抗菌肽并命名为 pardaxin。此肽具有比蜂毒素更强的抗菌活性和比人红血球更低的溶血活性,其作用可与其他天然的抗菌肽如蛙皮素等相媲美。

Cole 等在美洲拟鲽(*Pseudopleuronectes americanus*)的皮肤黏液中分离出一种有 25 个氨基酸残基的线性抗菌肽 pleurocidin,具有与其他许多抗菌肽类似的两亲性 α-螺旋结构。Jorge 等从彩虹鲑鱼的皮肤中分离得到了一种新的具有抗菌功能的核糖肽类,测得其分子量大小为 6 676.6 Da,并指出这种肽与 40S 的核糖体蛋白 S30 非常相似。Douglas 等对大西洋鲑鱼、斑鳟鱼等在内的 5 种鱼类的抗菌肽进行了 cDNA 序列的测定,指出该分子由一种 24 个氨基酸信号肽,38 ~ 40 个氨基酸的酸性肽和 19 ~ 27 个氨基酸的成熟加工过程肽组成。Jorge 等从彩虹鲑鱼的皮肤分泌物中分离提取到了一种新的抗菌肽 OncorhyncinⅡ,指出这种抗菌肽的前 17 个氨基酸残基与来自于彩虹鲑鱼组蛋白 H1 的第 138 ~ 154 个残基相同,并测得其分子量为 7 195.3 Da,从而指出这种 OncorhyncinⅡ抗菌肽是组蛋白 H1 的 C 末端 69 残基的片段。随后 Jorge 等又从彩虹鲑鱼的血细胞中分离得到具有抗菌特性的活性片段,研究得出这种活性片段对热敏感且能被蛋白酶所消化,从而推断这一活性片段为一种类似蛋白质的具有抗菌性的天然成分。

(五)鱼类抗高血压肽

Suesuna 和 Osajima 最先报道了沙丁鱼和带鱼的水解物中含有血管紧张素转化酶(ACE)抑制肽,其分子量在 1 000 ~2 000 Da 范围内。Matsufuji 利用碱性蛋白酶水解沙丁鱼获得 11 种 ACE 抑制肽,为 2 ~4 肽。Ukeda 研究发现沙丁鱼的胃蛋白酶水解物可产生最强的 ACE 抑制成分,对沙丁鱼在蛋白酶水解之前进行热处理,所产生的肽具有更强的抑制活性;但从其水解物中分离出的 3 种 ACE 抑制肽,在体外的 ACE 抑制活性较强。Hee-Guk 等通过对阿拉斯加青鳕鱼鱼皮水解,从其水解物中分离出分子量介于 900 ~1 900 Da 的肽片段,它具有 ACE 抑制因子的活性。吴建平报导,日本已对各种鱼蛋白进行了研究,结果表明沙丁鱼肽具有 ACE 阻碍作用,来自沙丁鱼筋肉分子量在 1 000 ~2 000 Da 之间的肽有降血压作用。Fujita 报道了鲣鱼的嗜热菌蛋白酶消化液表现出最强的 ACE 抑制活性。

(六)其他鱼类活性肽

鱼类中的鳗鱼、鳕鱼、沙丁鱼、金枪鱼的肌肉中含 15% ~22% 的蛋白质,是其他动物蛋白所不能比拟的。鱼肉中还含对人类代谢非常重要的谷胱苷肽,在许多重要的生物学现象中起着直接或间接的作用。

二、藻类肽

海藻(Alga)种类繁多,其中含有的生物活性物质也多种多样。从培养的蓝藻中分离出一种具有鱼毒性、抗菌性、杀细胞活性的生物活性肽,已具备大规模生产能力。

Hormothamin 是从海藻 *Prymnesium patelliferum* 中提取的毒素肽，具有溶细胞、细胞毒和神经毒等活性，其作用机制主要是影响脑垂体细胞静止期的钙离子通道、提高电压敏感性钙离子通道的释放，促进脑内激素如催乳素的分泌增加而产生作用。从海藻 *Lyngbya majuscula* 中分离到一种具有细胞毒活性的环肽 majusculamide C，它对 X5536 骨髓瘤细胞的抑制率达到 35%。

三、贝类肽

（一）栉孔扇贝多肽

栉孔扇贝多肽（polypeptide from chlamys farreri，PCF）是近年来从栉孔扇贝中提取的一种具有生物活性的小分子水溶性八肽，其成分包括脯氨酸、天冬酰胺、苏氨酸、羟基赖氨酸、丝氨酸、半胱氨酸、精氨酸和甘氨酸，其分子量为 800～1 000 Da。阎春玲等探讨了 PCF 对小鼠胸腺淋巴细胞辐射损伤的保护作用及机制，结果表明，PCF 对紫外线辐射损伤的小鼠胸腺淋巴细胞具有一定的保护作用。其作用机制与 PCF 能清除氧自由基、提高抗氧化酶活性及保护细胞膜组织结构有关。杜卫等利用 RP-HPLC 从栉孔扇贝中分离得到 4 个分子量为 800～1 000 Da 的小分子多肽，并对其进行了药理活性测试。采用地塞米松与脾脏和胸腺淋巴细胞共培养，地塞米松会显著降低脾脏和胸腺淋巴细胞的活性，而栉孔扇贝多肽不仅能显著减轻其对免疫细胞的抑制作用，还可以提高免疫细胞活性；说明栉孔扇贝多肽能减轻地塞米松引起的淋巴细胞抑制。此外，车勇良等发现栉孔扇贝多肽对受双氧水氧化损伤的小鼠胸腺细胞凋亡有抑制作用，并能促进细胞增殖，且作用优于维生素 C。刘晓萍等研究表明，栉孔扇贝多肽具有抗紫外线氧化损伤的作用，在一定剂量范围内可减轻或抑制紫外线对胸腺细胞和脾细胞的氧化损伤；在正常条件下可显著增强免疫细胞的活性，并可拮抗雌激素对免疫细胞的抑制作用。扇贝多肽还可抵抗 ^{60}Co 辐射对胸腺细胞的损伤作用。

（二）贻贝肽

国外对贻贝药理活性研究多集中于贻贝抗菌肽，而对它的活性研究报道不多。目前从蓝贻贝（*Mytilus edulis*）和地中海贻贝（*Mytilus galloprovincialis*）体内分离和纯化出多种抗菌肽。根据它们的一级结构可以分为 4 种，即防御素（defensin）、贻贝素（mytilin）、贻贝肽（myticin）和贻贝霉素（mytimycin），皆为小分子肽。毛文君等研究表明，贻贝肽可使移植性肿瘤生长受到抑制，延长小鼠的存活时间。肖湘等建立了 3 个活性模型，研究贻贝肽对氧自由基和脂质过氧化的作用。结果表明，贻贝肽具有清除氧自由基和抑制脂质过氧化作用。可见，贻贝肽对多种氧自由基有清除作用，这对于自由基引起的疾病，如炎症、辐射损伤、肿瘤、衰老等有一定的意义，它作为天然药物的开发有一定的价值。

四、其他海洋生物肽

（一）海鞘多肽

海鞘（Ascidian）属于脊索动物门，海鞘纲与尾索动物亚门的另外两个纲称为被囊动物（Tunicate），约有 2 000 种，海鞘是被囊动物中种类最丰富、含有重要生物活性物质最多的一类。自 1980 年 Ireland 等从海鞘中发现一个具有抗肿瘤活性的环肽 Ulithiacyclamide 以来，不断有环肽从此类海洋生物中被发现。最令人瞩目的是从加利福尼亚海域及加勒比海中群体海鞘 Trididemnum solidum 中分离出的 3 种环肽 Didemnin A ~ C，它们都具有体内和体外抗病毒和抗肿瘤活性，其中 Didemnin B 的活性最强，对乳腺癌、卵巢癌具明显的抑制活性。同时，它还有明显的免疫抑制活性，体内活性较环孢霉素 A 强 1 000 倍，有望成为新型抗肿瘤药。

（二）海葵多肽

海葵（Anemone）是另一类富含生物活性物质的海洋生物。文献报道从海洋生物海葵中提取得到的溶细胞性活性肽可分为 3 类。

（1）存在于 16 种海葵中的鞘磷脂抑制性碱性多肽，平均相对分子质量在 15 000 ~ 21 000 之间。

（2）从 Methidium senile 属海葵中分离得到的胆固醇抑制活性肽，其平均相对分子质量在 80 000 左右。

（3）从 Aiptasu pallida 属海葵中分离提取的、活性未知的 Aiptasiolysin A 多肽。

（三）海绵多肽

海绵（Sponge）是最低等的多细胞动物，结构较简单，但作为一个特殊生物群体含有极丰富的生物活性物质。富含活性多肽的海绵包括离海绵目、外射海绵目、石海绵目、软海绵目、硬海绵目。Jaspamide 是从斐济和几内亚海域离海绵目 Jaspis 属海绵中分离得到的环肽。试验证明该肽具有杀伤线虫活性和细胞毒活性，其结构的全合成已经完成。Geodiamolides A，B 是从加勒比海离海绵目 Geodiasp 属海绵中分离得到的环肽成分，具有细胞毒活性，利用 NMR 和 X 射线晶体衍射分析已确定其化学结构。Celenamides A ~ D 是从东太平洋硬海绵目中分离得到的乙酰化的小肽，体外试验证明具有降低血色素的作用。

(四)芋螺多肽

芋螺(Conus)是海洋腹足纲软体动物,其在猎取鱼、海洋蠕虫、软体动物时常分泌一系列毒性物质,称为芋螺毒素(Conotoxin)。经过近20年的研究已发现的芋螺毒素有近百种,主要包括 α-芋螺毒素、μ-芋螺毒素、ω-芋螺毒素、δ-芋螺毒素。大多为由 10~30 个氨基酸残基组成的小肽,富含 2 对或 3 对二硫键,是迄今发现的最小核酸编码的动物神经毒素肽,也是二硫键密度最高的小肽。其活性与蛇毒、蝎毒等动物神经毒素相似,可引起动物惊厥、颤抖及麻痹等症状。

(五)海星多肽

从烫灼或自主运动的一种海星所分泌的体液中可分离纯化到一种自主刺激因子,凝胶电泳分析表明该肽的相对分子质量为 1 200,HPLC 检测为单峰组分,具有刺激细胞运动并使之产生应激反应的功能。

(六)海兔多肽

从印度海兔(*Dolabella auricularia*)中分离到 10 种细胞毒性环肽 Dollabilatin 1 ~ 10。其中 Dollabilatin 10 对 B16 黑色素瘤治疗剂量仅为 1.1 μg/ml,是目前已知活性最强的抗肿瘤化合物之一。

(七)虾类活性肽

目前报道的多数为虾类抗菌肽。Destoumieux 等从养殖的南美白对虾(*Litopenaeus vannamei*)的血细胞和血浆中分离了几种抗菌活性因子,其中 3 种具有抗真菌和抗细菌,尤其是抗革兰氏阳性菌的活力。Destoumieux 等后来又用免疫化学方法研究南美白对虾抗菌肽合成和储存的部位,发现受细菌感染后血浆中抗菌肽浓度升高,抗菌肽的免疫反应发生在角质层,说明几丁质具有与抗菌肽结合的活性。Bartlett 等从南美白对虾中筛选出一类抗菌肽(Crustins),该肽与岸蟹的 11.5 kDa 抗菌肽氨基酸序列十分相似。Jyh-Yih Chen 等对斑节对虾(*Penaeus monodon*)的这种 11.5 kDa 的抗菌肽进行了 cDNA 序列的编码,并与南美白对虾和对虾 *L. setiferus* 的氨基酸序列作了比较,表明斑节对虾中的 Crustins 抗菌肽比上述两种对虾中的 Crustins 抗菌肽有更高的氨基酸重复序列。

第二节 陆地生物活性肽

陆地生物活性肽是从陆地动物蛋白质中获得的生物活性肽,如各种动物的乳

（乳中含有大量乳蛋白）中都存在多种生物活性肽，包括表皮生长因子、转化生长因子、神经生长因子、胰岛素和胰岛素样生长因子等。此外，乳蛋白中还包含着潜在的生理调节因子，经过酶解作用，便可释放和激活具有一定生理活性的肽类物质，这些肽类物质包括抗菌肽、阿片活性肽、免疫促进肽、血管紧张素转化酶抑制肽、抗血栓肽和酪蛋白磷酸肽等。动物蛋白质中鸡蛋蛋白和其他鸟类卵蛋白是外源性动物蛋白肽的主要原料。这类肽具有极强的活性、多样性及重要的生物学功能，对提高免疫、抗辐射、调节胃肠道、促进睡眠、改善味觉、抗菌、抗炎、抗病毒等具有良好的功效。

一、植物肽

植物生物活性多肽主要存在于叶子、种子、胚及子叶中，大多富含 Cys，且所有的 Cys 都形成分子内二硫键。植物环肽（Plant cyclopeptides）一般是指高等植物中主要由氨基酸通过肽键连接形成的一类环状含氮化合物。目前发现的植物环肽主要由 2～37 个 *L*-构型的编码或非编码氨基酸组成。直至 1959 年，Kaufmann 和 Tobschirbel 才从亚麻科植物 *Linum usitatissimum* 中分离并鉴定 Cyclolinopeptide A 的结构。按照植物环肽结构骨架及分布的不同，可将其分为两大类和 8 个类型（图 2-1）。

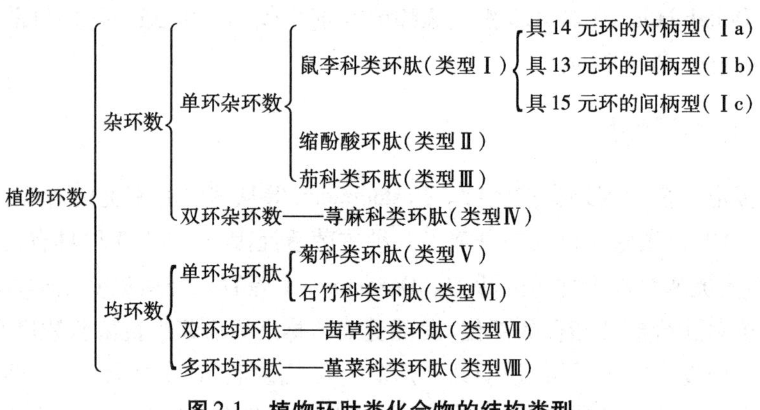

图 2-1　植物环肽类化合物的结构类型

大豆、玉米、花生等农作物，既是主要植物油原料，也是重要的植物蛋白源。大豆是最大的植物蛋白源之一，各种大豆蛋白已广泛应用于食品工业，在保障人类蛋白营养方面发挥着重要的作用。现代食品营养研究表明，大豆蛋白是一种优质的植物蛋白质，其中 8 种人体必需氨基酸的含量与人体需要比较，仅甲硫氨酸略显不足，与肉、鱼、蛋、奶相近似，属全价蛋白质，且没有动物蛋白的副作用，如引发肥胖、心血管病、高胆固醇等。以大豆蛋白、玉米蛋白和花生蛋白等植物蛋白为原料，经酶水解，分离纯化，可制得蛋白质含量高，分子量在 1 000 u 以下的小肽混合物，既提高了蛋白营养价值,又具有低抗原、降血压、降血脂、增强免疫等多种生物活性。

(一)大豆肽

1. 大豆蛋白

大豆含有35%~40%蛋白质。大豆蛋白质中有85%~95%是球蛋白,这些球蛋白可在pH 4.5~4.8之间沉淀,故称酸沉淀蛋白质(acid-precipitable protein)。以水溶液萃取大豆蛋白质时,利用超离心方式,依沉降速率不同,可分为2S、7S、11S和15S等4种成分(表2-1)。其中7S和11S两种蛋白质分别约占37%和31%。低分子量部分如2S主要是一些具有生物活性的蛋白质,如膜蛋白酶抑制剂(trypsin inhibitors)等。大豆蛋白具有一定的抗原性(allergy),特别是7S和2S成分抗原性最大。80%的大豆蛋白质相对分子质量在10万以上,结构复杂,所以大豆蛋白溶解度低。这些因素限制了大豆蛋白作为功能成分在食品,尤其是液体食品中加以利用。近年来,通过化学或酶法对大豆蛋白进行改性或制成大豆肽,有效地弥补了大豆蛋白的不足,扩大了大豆蛋白资源的应用。

表2-1 大豆蛋白的组成

成分	含量(%)	分子量
2S	22	8 000~21 000
7S	37	6 700~21 000
11S	31	35 000
15S	10	300 000

2. 大豆肽研究进展

国外对蛋白质水解的研究始于100多年前,从1886年开始把水解蛋白质(hydrolyzed protein,HP)应用于食品工业,当时把酸水解HP作为调味剂添加到食品中。由于酸碱水解产物存在安全问题,故而转向酶水解方面。20世纪40年代,一些西方学者进行蛋白质改性,研究如何改善蛋白质加工性能,如水溶性、乳化性、起泡性、热稳定性及风味特性等。由于受技术水平的限制,水解过程不易控制,水解物的苦味、臭味等问题未能解决,大豆肽的研究进展不大。大豆蛋白溶解度低,无法作为功能性配料在乳品、饮料、糖果等食品体系中加以利用;另一方面,大豆蛋白具有一定的抗原性,而且大豆蛋白的消化率远不及牛奶、鸡蛋等动物性蛋白,从而大大限制了大豆蛋白的利用范围。这些问题主要与大豆蛋白的分子组成和结构有关。80%的蛋白质相对分子质量在10万;大多数分子内部结构复杂,呈反平行的β-折叠和非有序结构,分子量高度压缩、折叠。大豆球蛋白的3级结构、4级结构(特别是二硫键使其亚基牢固结合)高度结构化形成坚实体,对酸、碱及酶法水解作用具有很强的抵抗力。在除去抗营养因子等成分后，大豆蛋白的生物效价仍只有理论上的80%。由此可见，通过酸、碱或酶法水解，降低大豆蛋白的分子量，对于提高其溶解性能，改善营养价值和其他功能特性，进一步扩大其利用范围具有重要意义。另一方面，最新的研究表明，许多蛋白质水解产物是具有多种生理活性的肽类，这些肽类具有抗氧化、抗衰老、减肥等多种生理功效，这也促使人们开始以来源丰富、质优价廉的大豆蛋白为原料研究和开发活性肽。蛋白质水解的方法多种多样，包括化学法与生物法，其中化学法是利用酸碱水解蛋白。但反应条件剧烈，水解程度不易控制，且破坏了氨基酸原有构型，产物多为游离氨基酸，而且容易产生有毒物质，已逐渐被弃用。生物法即酶法是生物活性肽产品的发展方向。

美国在20世纪70年代初研制出大豆肽产品之后，美国 Deltown Specialities 公司建成了年产5 000 t食用大豆肽的工厂。中国在20世纪80年代中后期开始研究大豆肽，中国食品发酵工业研究院、江南大学、华南理工大学、中国农业大学等相继展开了对大豆蛋白的酶法水解工艺、大豆肽的功能性质和生理活性的研究。目前，中国已成功建成了一些酶法和发酵法生产大豆肽的专业生产厂，生产技术已日臻成熟。一大批以大豆肽为功能原料的保健食品、运动食品等新型功能食品陆续推向市场。

3. 大豆肽理化性质

1）大豆肽的质量规格

大豆肽由高分子大豆蛋白经蛋白酶水解而成，再经特殊的分离提纯处理，得到高纯度蛋白水解产物，是由一定分子量范围的多种小肽组成的混合物，产品中还含有少量的游离氨基酸、糖类和无机盐等成分，其总蛋白质含量在85% ~90%之间，游离氨基酸含量在5%左右，纯肽含量在80%左右。表2-2为大豆肽理化指标。

表2-2　大豆肽理化指标

项目	指标
总蛋白质（以干基计）（%）	≥90.0
大豆肽（以干基计）（%）	≥80.0
90%以上的大豆肽的分子量（Da）	≤10 000
pH（10.0%水溶液）	7.0±0.5
干燥失重（%）	≤7.0
灰分（%）	≤6.5
总砷（以As计）（mg/kg）	≤0.5
铅（Pb）（mg/kg）	≤0.5
脲酶	阴性

引自：QB/T 2653—2004。

2）大豆肽的氨基酸组成

从表2-3和表2-4可知，大豆肽的氨基酸组成与大豆原蛋白近似，其中几种必需氨基酸的组成与FAO/WHO/UNU(1985)的参考模式相比,具有很好的平衡,只是含硫氨基酸,如胱氨酸和甲硫氨酸的量偏低。因此在使用大豆肽作为配料时,根据实际情况强化一定的含硫氨基酸,可进一步提高大豆肽的营养价值。

表2-3 大豆肽氨基酸组成

氨基酸(AA)名称 (Amino Acid Name)	含量 (g/100 g)	氨基酸(AA)名称 (Amino Acid Name)	含量 (g/100 g)
天门冬氨酸(Asp)	9.40	胱氨酸(Cys)	0.74
谷氨酸(Glu)	15.87	缬氨酸(Val)	3.55
丝氨酸(Ser)	4.40	甲硫氨酸(Met)	1.04
组氨酸(His)	1.44	苯丙氨酸(Phe)	4.35
甘氨酸(Gly)	3.38	异亮氨酸(Ile)	3.43
精氨酸(Arg)	5.02	赖氨酸(Lys)	4.32
丙氨酸(Ala)	3.39	脯氨酸(Pro)	3.49
酪氨酸(Tyr)	3.26	色氨酸(Trp)	0.08
苏氨酸(Thr)	3.19	亮氨酸(Leu)	6.08

表2-4 大豆肽的必需氨基酸(EAA)组成与FAO/WHO/UNU参考模式的比较 g/100 g

必需氨基酸(EAA)	含量	FAO/WHO/UNU标准(1985)		
		婴儿	2~5岁	成人
苏氨酸(Thr)	3.19	4.3	3.4	0.9
酪氨酸(Tyr)	—	—	—	—
苯丙氨酸(Phe)	7.61	7.2	6.3	1.9
胱氨酸(Cys)	—	—	—	—
甲硫氨酸(Met)	1.78	4.2	2.5	107
缬氨酸(Val)	3.55	5.5	3.5	1.3
异亮氨酸(Ile)	3.43	4.6	2.8	1.3
亮氨酸(Leu)	6.08	9.3	6.6	1.9
赖氨酸(Lys)	4.32	6.6	5.8	1.6
组氨酸(His)	1.44	2.6	1.9	1.6
色氨酸(Trp)	0.08	1.7	1.1	0.5

3)大豆肽的功能特性

大豆蛋白的水溶性、乳化性、起泡性和热稳定性都较差,从而限制了它在食品中的应用。大豆肽是大豆蛋白经过蛋白酶水解处理得到的产物,其溶解性、乳化性、起泡性等功能特性有所改善。由于大豆肽相对分子质量小,氮溶指数(nitrogen solubility index,NSI)超过98%,水溶性很高,因此,它作为食品原料,具有低黏度、速溶和无沉淀等特点,即使在质量分数 $w=50\%$ 的情况下仍然保持流动性,加热时也不凝固。大豆肽在pH=4.5(大豆蛋白等电点)的情况下完全溶解,不产生沉淀,黏度随质量分数升高变化不大,所以大豆肽可用作蛋白饮料和高蛋白果冻。在临床营养支持方面,大豆肽可用作患者流食和鼻饲营养液。

4)大豆肽的感官特性

大豆蛋白具有豆腥味,不利于大豆蛋白食品的开发。大豆蛋白经过酶解处理后,除去了与蛋白结合的风味物质和脂类化合物,使豆腥味减轻。另一方面,大豆蛋白的平均疏水性较大,酶解后产生少量疏水性氨基酸残基的苦味肽,使产物的苦味增强,影响产品的风味。采用物理、化学及生物方法可全部或部分除去苦味肽,改善大豆肽的感官特性。

5)大豆肽的营养特性

(1)体内直接吸收特性。

大豆肽,尤其是相对分子质量在 1 000 以下的大豆低聚肽(Soy oligopeptides)具有很好的营养吸收特性。当用大豆蛋白、乳蛋白、大豆肽和同组成的氨基酸混合物作吸收试验时,结果表明大豆肽的吸收最为迅速。诸如大豆肽这样的小分子肽类仍能被有特殊身体条件和蛋白质吸收障碍的人群有效吸收利用,维持和改善蛋白质营养状态。表 2-5 是对大白鼠进行强制喂食蛋白质、大豆肽和氨基酸混合物,1 h 后测定其消化道内残留量的试验结果。结果表明,大豆肽从胃至小肠的迁移率比其他两种优质蛋白和同组成的混合氨基酸都高;吸收率也较高,表明大豆肽在体内的易消化、易吸收的特性。

表 2-5　对大白鼠灌喂各种蛋白源 1 h 后的吸收率 %

	大豆肽	乳清蛋白	酪蛋白	氨基酸混合物
胃至小肠的迁移率	72.6 (100)	68.2 (95)	66.1 (92)	43.4(61)
吸收率	68.4 (100)	57.5 (84)	53.2 (78)	38.6 (56)

注:无括号项—对投食量的百分比;
括号项—对大豆多肽的胃肠转能率,或以吸收率为 100% 时各样品的相对值;
氨基酸混合物的组成与大豆多肽相同。

大豆肽尤其是大豆低聚肽相对分子质量主要集中在 200 ~ 700 之间,大多由 2 ~ 6 个氨基酸组成,在营养上具有体内直接吸收和快速吸收特性和多种生理活性。但是大豆肽这些功能性取决于产品的分子量分布和在体内消化道的稳定性。

汤国营等进行了大豆肽体外消化试验,采用膜蛋白酶和胃蛋白酶,在模拟人消化道的温度和 pH 条件下对大豆肽进行水解,证实了大豆肽在肠道消化酶(主要是膜蛋白酶和胃蛋白酶)体系环境下的稳定性。结果显示,胃蛋白酶消化后,大豆肽的凝胶色谱图基本上没有变化;大豆肽膜蛋白酶消化前后的凝胶过滤色谱图略有变化,但其变化率不超过 5%。研究结果显示,大豆肽绝大部分的相对分子质量均低于 1 000,

经胃蛋白酶处理后，该大豆肽95%以上未被消化；经膜蛋白酶处理后，约90%未被消化，说明其大部分将以肽的形式被直接吸收。因此，应用大豆肽产品可以开发成营养和功能性食品。

(2)大豆肽的氮代谢特性。

剧烈运动中肌肉蛋白质出现净降解，而运动后骨髓肌蛋白质合成代谢加强，骨髓肌的修复、重建以及功能的恢复，需要在运动后第一时间尽快补充氮源。研究表明，机体对不同的食物蛋白质具有不同的消化、吸收速度。因此，研究具有高效消化、快速吸收、在体内迅速发挥生理作用的活性蛋白质，势必对运动训练实践和运动营养研究具有重要的意义。

李世成等从补充大豆肽影响大鼠氮代谢的角度，研究小肠对短肽的吸收特点。他们用大豆肽、大豆分离蛋白和普通饲料饲喂大鼠，比较不同饲料对大鼠氮代谢的影响，结果显示如下。

①补充大豆肽对大鼠氮平衡的影响。

研究发现，三组试验动物均处于正氮平衡状态。对照组(A)饲喂普通饲料+水，其氮平均值为0.039±0.028；对照组(B)饲喂普通饲料+大豆分离蛋白，其氮平衡值为0.289±0.032；而试验组(C)饲喂普通饲料+大豆肽，其氮平衡值为0.453±0.013。补充大豆肽组大鼠氮平衡值最高，比补充大豆分离蛋白组高56.75%($P>0.05$)，比喂水组高1 061.54%($P<0.05$)。氮平衡是衡量体内氮代谢的一种常用指标，实际上是指机体对氮的摄入量与排出量的对比。氮平衡值高则说明机体对氮的摄入增多而排出减少。补充大豆肽组大鼠平衡值最高，提示补充大豆肽后，进入机体的氮最多。

②补充大豆肽对大鼠氮储存率的影响。

研究发现，对照组(A)氮储存率为6.093±4.247%；对照组(B)氮储存率为42.128±4.694%；而试验组(C)氮储存率为65.968±1.827%。补充大豆肽组大鼠氮储存率最高，比补充大豆分离蛋白组高56.59%($P>0.05$)。氮储存率是指机体储存的氮量占总摄入氮的百分比，也是衡量体内氮代谢的一种常用的指标之一。氮储存率高则说明机体对氮的滞留能力高。补充大豆肽组大鼠氮储存率最高，提示摄入大豆肽后，机体的保氮力显著增加。

③补充大豆肽对大鼠氮净利用率的影响。

研究发现，对照组(A)氮净利用率为9.403±6.55%；对照组(B)氮净利用率为61.412±6.842%；而试验组(C)氮净利用率为96.023±2.659%。补充大豆肽组大鼠氮净利用率最高，比补充大豆分离蛋白组高56.36%($P>0.05$)，比喂水组高921.209%($P>0.05$)。氮净利用率是指机体储存的净氮量占总摄入氮的百分比，也是衡量体内氮代谢的一种常用的指标之一。净利用率高则说明机体对氮的利用率高。补充大豆肽组大鼠氮净利用率最高,提示摄取大豆肽后,机体对氮的利用更加完全、彻底,因此,大豆活肽符合优质氮源的标准。

④补充大豆肽对大鼠小肠表观消化率的影响。

试验发现,对照组(A)表观消化率为 53.435 ±2.398%;对照组(B)表观消化率为 81.112 ±3.911%;而试验组(C)表观消化率为 91.606 ±2.173%。补充大豆肽大鼠小肠表观消化率最高,比补充大豆分离蛋白组高 12.94%($P>0.05$),比喂水组高 71.43%($P>0.05$)。表观消化率是指机体小肠对含氮物质消化吸收的程度,用摄入氮与粪氮之差占总摄入氮的百分比表示,也是衡量体内氮代谢的一种常用的指标之一。表观消化率越高则说明机体对含氮物质利用的可能性越高。补充大豆肽组大鼠表观消化率最高,提示大豆肽进入消化道后,更易于消化、吸收,为机体所利用。

研究结果表明,大鼠在补充大豆肽后,通过与阴性对照(水)和阳性对照(大豆分离蛋白)的比较,发现补充大豆肽组大鼠氮平衡值最高,提示补充大豆肽后,进入机体的氮最多;补充大豆肽组大鼠氮储存率最高,提示摄入大豆肽后,机体的保氮力显著增加;补充大豆肽组大鼠氮净利用率最高,提示摄入大豆肽后,机体对氮的利用更加完全、彻底。因此,大豆肽符合优质氮源的标准。补充大豆肽组大鼠表观消化率最高,提示大豆肽进入消化道后,更易消化、吸收,为机体所利用。因此大豆肽进入小肠后,不仅更易为机体所摄入,在同样的时间里,比大豆分离蛋白进入机体内的氮增多,而且,短肽的保氮力明显大于大豆分离蛋白,使得机体对氮的利用率明显增高。

6)大豆肽的生理活性

(1)大豆肽的抗氧化活性。

早在 20 世纪 30 年代人们已经注意到大豆中含有许多具有天然抗氧化活性的物质,如异黄酮类、磷脂类、肽类和各种氨基酸。后来这些物质陆续被从大豆粉中分离出来,并证实具有一定的抗氧化活性。大豆蛋白抗氧化活性的研究主要集中在三个方面。一是非蛋白成分。大豆中含许多有很强抗氧化活性的物质,而这些物质往往不是大豆蛋白本身,仅是其共存物如黄酮类、多酚类等,在大豆蛋白质的提取和加工过程中,并没有被完全除去或破坏其抗氧化活性,而残留于大豆蛋白之中,人们就采用一种用水或用有机溶剂如乙醇浸提出来的手段;也可以将其保留在蛋白中,使蛋白显示抗氧化性。二是糖蛋白产物。近年来有些报道,利用大豆蛋白中赖氨酸含量比较高的特性,促使赖氨酸的侧链基团 ε-NH_2 和还原糖发生非酶褐变反应(即美拉德反应),由此产生的产物具有很强的抗氧化活性,反应时工艺条件、设备均甚简单,但反应时间颇长,有待进一步改进,才能使其工业化。三是大豆肽。大豆蛋白经酸水解、碱水解和蛋白酶水解得到大豆蛋白水解物。水解的主要产物是大豆肽和游离氨基酸混合物。众所周知,许多氨基酸自身表现出抗氧化性,这类氨基酸是脱氨酸、组氨酸、色氨酸、赖氨酸、精氨酸和亮氨酸。其中有些氨基酸的衍生物,如 5-羟基色氨酸就具有很强的抗氧化能力。大豆蛋白水解物通过控制水解程度和大豆肽的分子量大小,可制得具有较好抗氧化活性的大豆肽。

Chen 等用来自芽孢杆菌产生的蛋白酶水解大豆蛋白中的 β-conglycinin,从其水解物中分离出相对分子质量为 500 ~2 000 之间的小肽,并发现这些肽具有抗亚油酸脂质过氧化作用。通过 SephadexG-25 色谱仪制备、提取、分离及纯化后,经氨基酸顺序检测确定具有高抗氧化活性的短肽分别是:

P1 Val-Asn-ProPro-His-Asp-His-Gln-Asn

P2 Leu-Val-Asn-Pro-His-Asp-His-Gln-Asn

P3 Leu-Leu-Pro-His-His

易维学等进行的体外抗氧化活性试验表明,相对分子质量在 5 000 以下的大豆低聚肽表现出较强的抗氧化活性,其抗氧化活性相当于特丁基对苯二酚的 1/1 000。陈美珍等发现大豆分离蛋白酶解物具有清除自由基的能力,以相对分子质量在 5 154 ~11 355 的肽段清除能力最强,清除能力主要与暴露的氨基酸侧链基团和肽序列有关。张学忠等发现在反应体系中添加 40 mg/ml 大豆多肽,邻苯三酚自氧化速率被抑制 27%,说明大豆酶解物具有清除超氧阴离子作用,减少人体红细胞氧化溶血程度以及抑制脂质氧化导致的脂质体成分破坏,抗氧化活性肽的相对分子质量分布在 100 ~1 300。刘健敏等比较不同酶种和不同的水解度对大豆肽的抗氧化活性的影响,所用的两种酶各个不同的水解度的大豆肽都有一定的抗氧化活性,活性大小由蛋白酶的种类和水解度的大小决定。

(2)大豆肽的调节血压作用。

降血压肽指的是一类具有 ACE 抑制活性的肽类物质,这些肽类的氨基酸序列和肽链长度各有不同,但都具有类似的作用。迄今为止,已经发现可从鱼类蛋白、胶原蛋白、大豆蛋白、牛乳蛋白质等食物蛋白源经酶解,分离出具有血管紧张素转化酶抑制剂(angiotensin converting enzyme inhibitor,ACEI)活性的肽类降血压肽。

植物蛋白和动物蛋白中均可分离出 ACE 抑制肽。牛乳蛋白经酶水解后,可产生许多不同大小、长短不等的短肽类物质,其中部分肽有抑制 ACE 的活性,降血压效果明显,鱼蛋白肽也具有明显的降血压效果。大豆蛋白经酶解后,也可产生类似 ACE 抑制剂的物质,其源于天然植物蛋白,安全性较高。

临床试验随机选取 40 例门诊高血压患者,年龄为 33 ~76 岁,平均年龄为 51.66 ±11.35 岁,其中男性 25 例,女性 15 例。入选标准:原发性高血压,标准按照中国高血压防治指南推荐标准:收缩压(SBP) >140 mmHg,舒张压(DBP) >90 mmHg,在服药期间,患者的血压值标准为 SBP:130 ~139 mmHg,DBP:85 ~89 mmHg。试验原料为“泰尔康”牌大豆肽。试验方法:每天服用大豆肽 3 g,每日一次,连服一个月,分别在服用前后抽取静脉血进行血脂、血糖、肝功能、肾功能、电解质及微量元素等各项化验，并同时体检，记录血压、心率及心电图等。

临床试验结果显示，受试高血压患者心电图与常规体检在试验前后均未发现明显异常变化，5 例大便改善，2 例自觉精神状态较前有明显好转。SBP 自服用大豆肽前的 142.52 mmHg 降到 134.38 mmHg，平均下降了 8.14 mmHg($P=0.001$)，DBP 从服用前的 88.98 mmHg 降到 84.57 mmHg，平均下降了 4.41 mmHg($P=0.000$)，统计学上有显著差别。

上述结果表明大豆肽对于原发性高血压患者具有明显的降压作用，尤其是收缩压出现了明显的下降，而无明显的副作用，这对于原发性高血压具有很大的益处。试验结果说明，受试的大豆肽中含有丰富 ACE 抑制肽，它对于血压维持极其重要的 RAS 中的 ACE 进行了抑制，降低了血液中对血管具有强大收缩作用的 AngE 形成，从而降低了原发性高血压患者的血压。

(3)大豆肽提高免疫调节的作用。

Furnia 等报道，大豆肽与原蛋白相比能显著增强大鼠肺泡巨噬细胞吞噬绵羊红细胞的功能，而且大豆肽的作用优于酪蛋白肽。杨小军研究发现，大豆蛋白酶解物能显著提高大鼠腹腔巨噬细胞吞噬能力，刺激外周血淋巴细胞转化，提高肠腔 SlgA 水平，而且大豆蛋白酶解物的作用优于面筋蛋白酶解物。潘翠玲等也发现，大豆蛋白和酪蛋白酶解物均能不同程度地刺激经 10 日龄仔猪外周血淋巴细胞的转化，且大豆蛋白酶解物的促淋巴细胞转化作用最强。Kim 等报道，从大豆蛋白水解物中分离并纯化得到了一种抗癌活性肽(9 肽)，其相对分子质量为 1 157。从膜蛋白酶水解大豆蛋白的酶解物中可获得一种 6 肽，其一级结构为 His-Cys-Gln-Arg-Pro-Arg(HCGRPR)，这种肽能刺激巨噬细胞和多核白细胞的吞噬作用，具有免疫调节功能。进一步酶解 HCGRPR，又获得了具有同样免疫调节作用的，一级结构为 Gln-Arg-Pro-Arg(GRPR)的 4 肽。Masuu 等研究发现，与酪蛋白相比大豆肽能显著增强肌肉损伤 Wistar 大鼠的免疫功能。Chen 等从大豆蛋白的胃蛋白酶的酶解产物中分离出了免疫刺激肽。这些肽的氨基酸序列分别为 Ala-Gln-Ile-Asn-Met-Pro-Asp-Tyr-Ile-Gln-Gln-Gly-Asn 和 Ser-Gly-Phe-Ala-Pro。Tsuki 等人从膜蛋白酶消化的大豆蛋白中分离出了一种 13 肽，该肽具有刺激人嗜中性粒细胞的噬菌作用。此肽来自 β-伴大豆球蛋白(β-conglycinin)的 α 亚基，被命名为 soymetide-13。研究显示 N 末端甲硫氨酸残基对该肽的活性是必需的，C 末端残基的剪切试验揭示 soymetide-4(MITL)即含有四个氨基酸残基的肽是吞噬刺激活性的最小结构单位；与 soymetide-13 相比，小鼠口服 soymetide-4 能够在很高水平上刺激肿瘤坏死因子 TNF-α 产生。初生大鼠给予 soymetide-4 口服能够抑制由化疗引起的脱毛症，Tsuki 等人认为可进一步研究作为口服抗脱发症的功能肽产品。

(二)玉米肽

1. 玉米肽的发展概况

玉米起源于南美洲,经欧洲、非洲传入亚洲,在我国已有470多年的历史。我国的玉米分布很广泛,南到海南岛,北至黑龙江,东至台湾,西至新疆,均有玉米种植。我国的玉米生产地区主要有三大区:一是北方春玉米区,播种面积约占全国的27%,其单产也最高;二是黄淮平原春、夏玉米区,其播种面积约占全国的40%;三是西南丘陵玉米区,播种面积约占25%。目前,我国的玉米年产量约为1.1亿t,占世界总产量的20%,居第二位,其中逾400万t用来生产淀粉。玉米淀粉的副产物称为玉米蛋白粉(corn gluten meal,CGM),因其色泽为玉米黄,又称“黄粉”。其中所含蛋白质因其缺少赖氨酸、色氨酸等人体必需氨基酸,所以其生物学价值低,严重影响了其在食品工业中的应用,当今国内主要将玉米蛋白粉用于饲料工业。玉米蛋白粉国际上每吨仅200多美元,国内价也仅为2 500元左右。而利用玉米蛋白粉可提取天然食用色素、玉米醇溶蛋白和谷氨酸等,还能制备具有多种生理功能的玉米活性肽,如谷氨酰胺肽、高F值低聚肽、降血压肽和玉米蛋白肽等,从而大幅度提升玉米的附加值。因此研究利用玉米蛋白粉开发其新用途,提高玉米的综合利用价值成为当前的一个重要研究课题。

玉米蛋白粉的各组分及相关性质如下。

1)玉米蛋白粉的成分

玉米蛋白粉是玉米经湿磨法工艺制得粗淀粉乳,再经蛋白质分离得到麸质水,然后浓缩干燥而成的。它是玉米湿法加工淀粉时的主要副产品,含蛋白质60%以上,有的达70%。玉米蛋白粉中除含有丰富的蛋白类营养物质外,尚含有其他无机盐及多种维生素。

2)玉米蛋白粉种类

淀粉生产时分离出来的玉米蛋白粉,主要包括玉米醇溶蛋白(zein,68%)、谷蛋白(glutelin,28%)、球蛋白(globulins,1.2%)和白蛋白(albumin)等四种蛋白。玉米醇溶蛋白是相对分子质量为21 000~25 000的、疏水性很强的蛋白质。玉米醇溶蛋白分为α-玉米醇溶蛋白(相对分子质量为25 000)和β-玉米醇溶蛋白(相对分子质量为21 000)两种,分别占醇溶蛋白的80%和20%。前者溶于95%的酒精,后者不溶于95%的酒精,而溶于60%的酒精。当用酒精抽提玉米粕并除去酒精之后,仅2%是水溶性,其中50%为游离氨基酸,10%为肽,游离氨基酸主要是天门冬氨酸、脯氨酸、丙氨酸、γ-氨基丁酸和谷氨酸。谷蛋白溶于稀盐酸,不溶于水。谷蛋白含大量酰胺基氨基酸,如天门冬酰胺和谷氨酰胺,其中谷氨酰胺含量约占总氨基酸的1/30。

3）玉米蛋白的营养价值

就氨基酸组成而言，玉米蛋白的 Ile、Leu、Val 和 Ala 等疏水性氨基酸和 Pro、Gln 等含量很高，必需氨基酸 Lys、Trp 含量较低，为限制性氨基酸。虽然 Lys 和 Trp 含量低，但支链氨基酸和中性氨基酸含量却相当高，是植物蛋白中颇少见的特色组成。以往，此为玉米蛋白利用的限制因素，但近年来却是深层次加工的依据。正是因为这种氨基酸的特殊构成使得玉米蛋白具有独特的生理功能，通过生物工程手段，控制一定水解度可获得具有多种生理功能的活性肽。

2. 玉米肽的开发

目前，针对玉米蛋白大多作为动物饲料的现实情况，如何充分利用玉米蛋白资源成为许多食品科技工作者当前的研究课题。由于玉米蛋白的水溶性很差，难以消化，因此通过酶工程技术水解制备水溶性好、易吸收的活性肽可以很好地解决这一矛盾。利用玉米蛋白中氨基酸的不平衡性，可以制备出具有各种生物活性的功能肽。我国关于玉米肽的研究起步较晚，但发展很快。不过，众多研究多是停留在试验室阶段，没有真正意义的玉米肽上市。因此，玉米蛋白肽的工业化生产是今后玉米蛋白深加工的一大发展方向，这将从根本上有效利用玉米蛋白资源。

1）蛋白醒酒肽

据报道，玉米蛋白经酶处理后，分离提纯出相对分子质量在 6 000 左右的肽。此类肽因其含有的丙氨酸对减轻麻醉、防止酒醉有良好的效果，故称醒酒肽。它可使身体吸收乙醇的速度减慢，并能促进酒精代谢，减少其毒性，可大大降低酗酒引起的急性酒精中毒的发生率。以其为原料的这种饮料与目前市面上的解酒、醒酒药物不同，属天然绿色保健食品，安全性高，必将受到消费者的欢迎。经小白鼠试验结果表明，此肽 4 g/kg 能明显降低酒精中毒小鼠的死亡率。

2）降血压肽

血管紧张素转化酶在人体血压调节过程中起重要的生理作用。一方面，它使无活性的血管紧张素转化为升压物质——血管紧张素，另一方面它能使降压物质——舒缓激肽分解成失活片段，从而导致血压升高。因此，通过抑制血管紧张素转化酶的活性可以起到降血压的作用。玉米醇溶蛋白中含有高比例的 Ile、Leu、Val、Ala 等疏水性氨基酸和 Pro、Gln 等，很少含 Lys 等人类必需氨基酸，这种不平衡的氨基酸组成使玉米醇溶蛋白成为多种生物活性肽，尤其是降血压肽的良好来源。Kim 等对玉米蛋白进行脱淀粉热处理等操作后，运用 6 种酶复合水解制备降血压肽。

3）谷氨酰胺肽

玉米蛋白氨基酸组成显示其谷氨酰胺（Gln）含量很高。选择适当的蛋白酶就可制取纯谷氨酰胺肽。谷氨酰胺肽在体内易分解成谷氨酰胺，从而补充机体的谷氨酰胺。谷氨酰胺在生物体代谢过程中居重要地位，它是构成蛋白质的氨基酸，又是合成含氮物质的氮源，并与生长和修补有密切关系；不同组织中谷氨酰胺具有不同的代谢功能，起着重要的生理作用。谷氨酰胺作为药物在维持肠道机能，提高机体免疫功能，改善酸碱平衡失调及提高机体对应激的适应性等方面极有应用价值。谷氨酰胺无论在健康和疾病状态下，对维持胃肠代谢功能有良好的作用。缺乏谷氨酰胺可导致肠黏液降解，造成消化不良。目前，日本已有谷氨酰胺二肽作为商品出售。

4）高 *F* 值低聚肽

高 *F* 值低聚肽是玉米蛋白经蛋白酶酶解形成的具有高“支”低“芳”组成特征的一种低分子量生物活性肽。*F* 值是支链氨基酸（BCAA：Val、Ile、Leu）与芳香族氨基酸（AAA：Tyr、Phe）的物质的量之比，称为 Fisher Ratio，简称 *F* 值。大量的动物试验和临床证明，注射或口服高 *F* 值氨基酸混合物可使病人血中 BCAA/AAA 比值——*F* 值接近 3 或大于 3，并能有效维持血中支链氨基酸模式，改善肝昏迷程度和精神状态。还可通过增加氮储备来降低病人血氨浓度，甚至可使血氨浓度恢复正常水平，从而减轻或消除肝性脑病症状；补充外源性支链氨基酸，抑制蛋白质分解而起节氮作用；由于低聚肽比蛋白质和氨基酸易消化和吸收，患者直接从口、胃送入，比注射的氨基酸更能使患者迅速地恢复正常营养状态，因此，在疾病状态下，特别是对于严重的消化障碍，手术后或肝硬化、肝炎、肾衰竭、肿瘤化疗等危重病患者，此时直接服用、注射低聚肽就是一种迅速而有效的办法。高 *F* 值低聚肽还可用作高强度工作者及运动员的食品营养强化剂，可及时补充能量、增强体力。我国临床上使用的高 *F* 制剂一般是采用按一定比例配制的纯净结晶的氨基酸，因此价格昂贵；以玉米蛋白为原料制备高 *F* 值低聚肽，具有原料来源丰富、价格低廉、安全性好等特点，可作为天然药物和保健食品的营养剂。

5）疏水性肽

玉米蛋白属疏水性蛋白，选择合适的酶可开发出富含疏水氨基酸的肽。疏水性肽能刺激肠高血糖素分泌，降低胆固醇，促进内源性胆固醇代谢亢进，所以具有抑制胆固醇上升、降低血清胆固醇浓度的作用。疏水氨基酸还可在多种创伤中起辅助康复作用，能够补充由于外伤引起的体内葡萄糖和脂肪酸的不足。

（三）花生肽

1. 花生肽的发展概况

花生是中国六大油料作物之一，产量达 1 400 万 t，居世界第一。花生是三大重要的植物蛋白源。花生含有 26% ~33% 的优质蛋白，与其他植物蛋白相比，它的抗营养因子很少。花生可直接生产各种食品如花生糖、花生蛋白饮料、花生酱、花生冰淇淋及各种花生小食品等，用量不断增加。但花生的主要用途是榨油。榨油后可产生大量的花生粕。花生粕价格低廉，具有极大的开发潜力。制约花生蛋白利用的主要因素是花生在榨提油时经高温热榨,蛋白受热变性,难以用于食用。近年来,国际上大量开展花生蛋白的研究。据报道,印度大规模用花生开发蛋白营养食品添加剂。印度中央食品研究所使用花生蛋白生产牛奶混合乳,其理化性能与牛奶相似,它既解决了学龄前儿童的营养摄取问题,又充分利用了其国内花生资源,减少脱脂奶粉的进口,而且价格便宜,仅为牛奶的三分之二,这对于发展中国家动物性蛋白缺乏且价格较贵的现实情况来说,是极其可行的办法。20 世纪 70 年代以来,人们为了更好地开发花生蛋白,对其功能特性的改善进行了研究。在研究酶解法改善花生蛋白功能特性的同时,对花生肽的研究和开发应运而生。Ye 等从花生蛋白中提取出抗菌肽,并对其氨基酸序列和抗菌效果进行了研究。郭兴凤等对花生肽及其抗氧化活性进行了研究。黎观红等研究了花生肽的血管紧张素抑制活性。据报道,花生肽在中国已投入工业化生产,对花生肽的功能特性和应用的研究正逐步开展。

2. 花生蛋白及其肽的营养特性

花生蛋白中含有大量的人体必需氨基酸,天门冬氨酸含量比其他植物蛋白源都高,其有效利用率高达 98.4%,只是蛋氨酸和色氨酸较少。

3. 花生肽的制备

高纯度的花生肽是用制油副产物低温浸出脱溶花生粕为原料,经碱溶酸沉法,除去粕中的淀粉、纤维素和糖分等成分,得到高纯度的花生蛋白,再经酶水解、分离、精制而成。何东平等采用冷榨花生粕为原料,运用酶法水解工艺提取制备出小分子花生肽。花生肽的制备工艺如下:

冷榨花生粕→碱提→分离→酸沉→分离→花生蛋白→酶水解→分离→精制→干燥→花生肽

4. 花生肽的生物活性及其应用

Ye 等从花生蛋白中提取出一种抗菌肽,该肽相对分子质量为 7 200,其 N 末端氨基酸序列与花生过敏原 Aea H1 具有相似的序列。经试验证实该肽可以抑制真菌 Mycosphaerella arachidicola、Fusarium oxysparum 及 Coprinus comatus 的生长;它还可以抑制艾滋病病毒(HIV)反转录酶及与感染 HIV 相关的 α-葡萄糖苷酶和 β-葡萄糖苷酶的活性;它可以削弱老鼠脾细胞的增殖反应。郭兴凤等用酶水解花生蛋白,得到冷冻干燥花生酶水解蛋白产物,经油脂抗氧化试验,花生蛋白水解物有一定的抗氧化活性。黎观红等用酶法制备花生分离蛋白水解物,并进行了体外降血压试验。试验结果表明,未水解的花生分离蛋白没有血管紧张素转化酶(ACE)抑制活性,而花生分离蛋白酶解物有较强的 ACE 抑制活性,其半抑制率(IC_{50})为 0.56 mg/ml,说明花生蛋白酶解物是 ACE 抑制肽的很好来源,经提纯的花生肽可作为具有降压功能的功能食品配料。随着对花生肽功能及生物活性研究的深入,花生肽将有更广阔的应用前景。

(四)其他植物肽

植物蛋白包括豆类蛋白和谷物蛋白,其中大豆、花生和菜子等,既是食用油料作物,又是重要的植物蛋白源。谷物如大米、玉米、小麦等主要供日常食用,另外作为淀粉工业的主要原料。除大豆蛋白及大豆肽已得到广泛的开发和利用外,其他蛋白源,仅作为制油和淀粉工业的副产品,大部分用作饲料,利用率都较低。目前国内外对这类低价值的蛋白资源的开发与利用方面的研究非常重视,各种新蛋白和酶解肽不断被研究出来。如从大米蛋白酶解物中提取出免疫活性肽;用小麦蛋白进行酶解,可以得到小麦肽,小麦肽同样具有抑制胆固醇上升、降血压、调节阿片肽活性等作用,小麦蛋白是人们极其关注的活性肽来源之一。由于谷物蛋白大部分是淀粉工业的副产物,蛋白质含量低,目前一般用作饲料。随着蛋白提纯及酶解新工艺的不断开发,必将更有效地利用这些价格低廉的蛋白资源。

二、动物肽

动物蛋白源是优质蛋白的重要来源,主要包括肉类蛋白、乳类蛋白和禽卵蛋白。陆地肉类蛋白主要以畜禽肉类如猪、牛、羊、鸡、鸭等为主;乳蛋白源主要以牛乳、羊乳为主,卵蛋白主要指鸡、鸭蛋等。迄今为止,人们已从乳蛋白的酶解物中分离出多种生物活性肽,如吗啡样活性肽、降血压肽、免疫调节肽、促进矿物质吸收肽、抗菌肽、促细胞生长肽等。目前,已工业化生产的乳肽有乳清蛋白肽、酪蛋白磷酸肽(casein phospho peptide,CPP)等。谷胱甘肽(glutathione,GSH)是一种广泛存在于生物体内的生物活性肽,在生物体内具有多种重要的生理功能。生产 GSH 的方法有萃取法、化学合成法、酶法和发酵法,酵母萃取以及酵母发酵法的研究成功,使其成为一种最普遍的工业化生产方法。GSH 已广泛应用于医药、保健食品等领域中。另外,畜禽血、蚕丝等也是开发生物活性肽的潜在原料。总之,随着新的动物活性肽的开发成功,将不断为保健食品和新药开发提供了新的原料资源。

(一)胶原肽

1. 胶原与胶原蛋白

胶原是一种天然蛋白质,广泛存在于动物的皮肤、骨、软骨、牙齿、肌腱和血管中,起到支撑器官、保护机体的功能。胶原一般是白色透明、无分支的原纤维,在它的周围是由黏多糖和其他蛋白质构成的基质。胶原主要存在于生皮中,其次存在于骨髓中。胶原蛋白家族包括 19 种胶原蛋白及 10 种以上胶原样蛋白。胶原不同于胶原蛋白。胶原是指生物体组织中存在的一类蛋白质,或者指在提取胶原时,其结构没有改变的那类蛋白质。胶原蛋白是指从生物体中提取的、结构和相对分子量都发生了变化的蛋白质，一个最大的区别是：胶原不溶于水，而胶原蛋白可溶于水；胶原蛋白英文为“Collagen protein”，胶原用“Collagen”表示。

李国英等采用 SDS-PAGE 法确定来自牛皮的胶原的相对分子质量大约为 30 万，分布范围很窄；明胶的相对分子质量从几千到十万，分布范围很宽；水解胶原蛋白相对分子质量从几千到 3 万，分布范围也很宽。但通常说的胶原一般指胶原蛋白，也用“Collagen”表示。胶原蛋白是由三条肽链拧成的螺旋形纤维状蛋白质，是动物结缔组织中最主要的一种结构性蛋白质，在动物细胞中扮演着黏结功能的角色。结缔组织除了含 60% ~70% 的水分外，胶原蛋白占了 20% ~30%。正是因为有了高含量的胶原蛋白，使结缔组织具有了一定的结构与机械力学性质。

胶原蛋白具有很强的生物活性及生物功能，能参与细胞的迁移、分化和增殖，使骨、肌腱、软骨和皮肤具有一定的机械强度。胶原因其弱的抗原性和良好的生物相容性，在烧伤、创伤、眼角膜疾病、美容、矫形、硬组织修复、创面止血等医药卫生领域用途广泛。胶原蛋白是皮肤组织的主要成分，口感柔和、味道清谈，易于消化，也一直受到食品工业的青睐，在许多食品中被用作营养成分和功能配料。

2. 胶原肽

胶原蛋白的提取方法通常有酸法、碱法和酶法以及酸、酶结合法，碱、酶结合法。酸法一般使用盐酸等强酸作用于动物皮、骨原料，根据所用酸的浓度、水解温度、水解时间等条件的不同，可以得到分子量分布范围较宽的胶原蛋白及其水解物，甚至彻底水解成混合氨基酸，而且在水解过程中色氨酸全部被破坏，丝氨酸和酪氨酸部分被破坏。同样，碱法水解不仅使胶原中的羟基、巯基被全部破坏，且产物发生消旋作用，工业制明胶主要采用此法。胶原蛋白的酸碱提取方法能耗高、时间长、污染严重，还破坏了胶原中氨基酸组成和结构，其营养价值和生理活性也随之减少或降低，对胶原蛋白的应用带来了极大的限制。蛋白酶水解胶原方法反应条件温和，所需设备简单，减少了环境污染，根据所使用的蛋白水解酶不同，对一定的胶原蛋白中的肽链进行酶切水解，不破坏其氨基酸组成和结构，分子量分布相对均匀，产品纯度高，水溶性好，理化性质稳定，保留甚至增加营养特性和生理活性。目前，市场上销售的酶解胶原蛋白，实际是一类胶原肽。胶原肽是胶原或明胶经蛋白酶降解后的产物，相对分子质量在 200 ~30 000 之间，是由 3 ~22 个氨基酸组成的多个多肽片段的混合物。胶原肽具有较高的消化吸收性，不具有明胶的性能，与大豆肽、乳蛋白肽相比，由于其特殊的氨基酸组成而使其无苦味。

胶原肽可以作为胶原蛋白的新陈代谢促进剂，它可以促进生物体胶原的生物合成，改善随着年龄增长而导致的生物组织衰老和功能的衰退，可以延缓皮肤的衰老，高纯度的胶原多肽还是皮肤增白、抑斑的补充剂，对老年退行性关节症、胃黏膜损伤和溃疡、高血压都有调节和治疗作用。

1)用于美容

胶原蛋白是皮肤组织的主要成分,随着年龄的增加,成纤维细胞的合成能力下降,若皮肤中缺乏胶原蛋白,胶原纤维就会发生交联固化,使细胞黏多糖减少,皮肤便会失去柔软、弹性和光泽,发生老化,同时,真皮的纤维断裂,脂肪萎缩,汗腺及皮脂腺分泌减少,使皮肤出现色斑、皱纹等一系列老化现象。

皮肤中胶原以Ⅰ型和Ⅲ型为主,它们使皮肤有很强的抗张性。儿童的皮肤以Ⅲ型为主,到了成年,皮肤以Ⅰ型为主,随着年龄的增长,交联键日益增多,胶原纤维亦越发紧密,皮肤容易老化僵硬,因此,皮肤变得松弛。另外,面部的皮肤,由于长期暴露在空气中,受到紫外线照射,引起皮肤受损,使胶原纤维束失去其生理性的弹回性能而变直,也会导致皮肤松弛、干裂。美容胶原是一种新型抗衰老材料。注射胶原不仅具有支撑填充作用,还能诱导宿主细胞向注射胶原内转移,合成宿主自身胶原及其他细胞外间质成分。早在20世纪70年代,美国就率先推出注射用牛胶原,用于除皱纹及修复瘢痕,取得了令人满意的效果。人胶原是新一代美容材料,它是从健康人体(如胎盘)中提取的胶原蛋白,经化学纯化,不含细胞及组织相容性胶原,不会诱发抗体和免疫反应,从而更为安全。近年来,英美等国采用注射性胶原来修复面部软组织的各种损伤,如痤疮痕、水痘痕及衰老引起的面部皱纹或皱褶。中国研制的这种胶原注射剂已广泛应用于美容界,在延缓皮肤衰老、重建受损肌肤等方面取得了良好的效果。美容胶原与人体组织的亲和性很好,有利于自身组织的再生。试验证明,当注射胶原蛋白几周后,体内成纤维细胞、脂肪细胞向注射的胶原蛋白内迁行,组合成自身胶原蛋白,从而形成正常的结缔组织,使受损老化的皮肤得以填充和修复,达到延缓皮肤衰老的目的。0.1%的胶原蛋白溶液还有很强的抗辐射作用,且能形成较强的保水层保护皮肤。

在化妆品中添加胶原蛋白肽,由于胶原肽具有良好的渗透性,可被皮肤吸收,填充在皮肤基质之间,使皮肤丰满,皱纹舒展,具有弹性。随着人的年龄增长,皮肤的结构也发生变化,老化的皮肤更容易干燥。鱼皮胶原肽是一种用深海鱼类精炼的鱼蛋白提取物,含有丰富的小分子肽,被称为“吃的化妆品”,穆源浦等人研究了鱼皮蛋白肽对人体皮肤水分、油分的调节作用,证实鱼胶原蛋白肽具有保持皮肤水分的作用。胶原肽分子亲水基团羧基和羟基的大量存在,使胶原蛋白肽具有良好的保水保湿性能。

近年研究表明,胶原蛋白肽具有明显改善与老化相关的胶原合成低下的作用。经老鼠投食试验表明胶原蛋白肽具有促进胶原合成效果,可促进皮肤胶原代谢作用(美容效果)。目前胶原蛋白及其肽、角蛋白、弹性蛋白在化妆品的应用日趋普遍,它们为人类保持青春发挥出越来越大的作用。

2)胶原肽与降血压作用

据报道,某些动物胶原用酶催化水解后可产生具有降血压作用的活性寡肽(≤10个氨基酸),酶解产物的水解度与其ACE抑制率之间存在一定的相关性,水解度较高的水解产物,其ACE抑制活性也较高,并且相对分子质量较低的低聚肽具有更高的ACE抑制活性。营景颖等报道了胶原蛋白酶解物对大鼠血压、豚鼠肠平滑肌及猪肺ACE的作用的降压效应,得出其降压作用和兴奋豚鼠平滑肌的作用可能与抑制ACE有关。耿秀芳等将猪骨胶原蛋白经膜蛋白酶水解,用阳离子交换树脂层析,Sephadex-G25凝胶过滤,反相高效液相层析(HPLC),最终得到一种9肽,其氨基酸组成:Ile、Ser、His、Gly、Ala、Pro、Tye、Leu、Asp。结果以马尿酰-甘氨酰-甘氨酸为底物,对从猪肺中提取的血管紧张素转换酶(ACE)有明显的抑制作用。将含此肽0.01%的混合物做静脉注射试验,对肾性高血压大鼠和自发性高血压大鼠均有明显降压作用。对离体豚鼠回肠平滑肌有收缩作用。结论:胶原蛋白酶解物9肽的抗高血压效果,可能是通过对血管紧张素转换酶的抑制作用来实现的。

3)胶原肽的其他用途

由于胶原多肽具有良好的营养功能、理化性以及生理功能,所以它的应用范围非常广泛。随着年龄的增长,人体对能量的需求量呈下降趋势,但单位体重氮的需求量并不下降,老年人可通过摄入胶原肽来克服这一矛盾。由于胶原多肽具有保护胃黏膜、抗溃疡、抑制血压上升、提高骨髓强度、促进皮肤胶原代谢等功能,同时酶解胶原蛋白制备的胶原肽具有更小的相对分子质量,并且更易消化吸收,在营养保健品和日用化学品开发方面有广阔的市场,可将其开发成各种美容护肤品、美容饮料,或降血压、预防骨质疏松等的功能保健品。此外胶原肽还可应用于运动保健食品中,试验证明:由于肽在胃中排空及小肠吸收快,负氮平衡及由此产生的肌肉分解代谢阶段将进一步缩短或消失,胶原肽可作为在运动中或运动结束时的恢复性饮料。由于蛋白水解物属于高蛋白低热量物质,还可应用于减肥食品。

(二)乳肽

乳蛋白由于其高营养价值和优异的加工性能,可用于各种食品,历来被认为是最重要、最优质的蛋白源。然而,近年来研究表明,乳蛋白除了具有较好的营养和加工性能特性外,乳蛋白及其肽类由于具有许多保健作用,可作为高附加值的功能食品配料而更加引人注目。研究结果表明,乳蛋白及其肽具有抗癌、免疫调节、促进矿物质吸收和降低高血压等生理作用。

1. 牛乳蛋白的种类

牛乳中主要存在着两大类蛋白,即酪蛋白和乳清蛋白。牛乳中蛋白质含量为32 g/L,其中76% ~86%是酪蛋白,14% ~24%是乳清蛋白。酪蛋白是含磷的几种蛋白的复合体。在 20 ℃和 pH4.6 时，酪蛋白沉淀，大多数酪蛋白的主要成分是 αs1-、αs2-、β-和 κ-四种酪蛋白。在 pH4.6 时，乳中可溶的蛋白质为乳清蛋白。乳清蛋白的主要组分是 β-乳球蛋白和 α-乳白蛋白、免疫球蛋白等。表 2-6 为主要乳蛋白的一些性质。

表 2-6 乳蛋白的主要性质

性质	酪蛋白				乳清蛋白		
	αs1-CNB	αs2-CAN	β-CAN	κ-CNB	α-La-B	β-Lg-B	血清白蛋白
相对分子量	23 614	25 230	23 983	19 023	14 176	18 363	66 267
残基/分子							
氨基酸	199	207	209	169	123	162	582
脯氨酸	17	10	35	20	2	8	34
半胱氨酸	0	2	0	2	8	5	35
—S—S—	0	7	0	7	4	2	17
磷酸根	8	11	5	1	0	0	0
碳水化合物	0	0	0	+			
疏水性(kj/res)	4.9	4.7	5.6	5.1	4.7	5.1	4.3

2. 乳蛋白的营养价值

乳蛋白的营养价值可以用一系列参数来评价，如热量、消化性、主要营养素（如必需氨基酸、脂肪酸、维生素和矿物质）。牛乳和人乳有相似的营养成分，但其蛋白质含量是人乳的 4 倍。乳清蛋白比酪蛋白有更好的生物效价、净利用率和蛋白质效价比（PER）。总体来说，不同乳源的营养价值取决于它们的必需氨基酸含量，而牛乳含有丰富的必需氨基酸，在改进人类营养方面有更大的用途。然而，一些人尤其是婴幼儿，在消化牛乳蛋白时有过敏反应。这种过敏反应与牛乳中某些蛋白质的变应性有关。丹麦的一项研究表明，西方国家有 2% ~3% 的婴幼儿对牛乳蛋白质有过敏反应，这种免疫过敏性不限于婴幼儿，少数成人也有此类反应。因食用牛乳蛋白而引起过敏的临床症状，轻者为腹泻、呕吐，重者为心绞痛、血管性水肿、荨麻疹等，对患者的健康造成极大威胁。研究表明，蛋白质的酶法降解是降低或消除蛋白过敏原的最有效方法。因此在西方国家，乳蛋白水解物已广泛用于婴幼儿及特殊营养制品中。

3. 来源于乳蛋白的生物活性肽

众所周知，许多乳源蛋白如免疫球蛋白（lg）、特殊酶，还有与矿物质、脂肪酸以及维生素结合的蛋白质、生长因子和抗菌因子对人的生长发育有重要的生理活性。乳蛋白亦是生理活性成分（如生物活性肽）的重要来源，将乳蛋白用蛋白酶水解，可提取出多种生物活性肽。研究表明乳蛋白活性肽具有调节人体内某些生理系统的作用，能促进人体健康。乳蛋白活性肽的生理活性包括抗菌作用、免疫调节作用、降血压作用、类吗啡活性、与矿物质结合活性等。

1)免疫调节肽

免疫系统是人体内重要的防御机制,负责保护人体免受感染和癌的侵害。免疫系统存在缺陷,会使人体极易受到感染,甚至加重某些疾病。人体内存在许多天生的化合物,在调节免疫系统方面起着至关重要的作用。一些乳蛋白酶解肽也具有调节免疫的活性,外源免疫调节肽能够促进淋巴细胞增殖,调节巨噬细胞、天然杀伤细胞、粒性(白)细胞的活性。Jolles 等从 αs1-酪蛋白和 β-酪蛋白的膜蛋白酶和膜凝乳蛋白酶水解分离出一些肽,能够提高巨噬细胞活性,防止血红细胞的老化,其中一个为 6 肽,在酪蛋白中 54 ~59 氨基酸序列上;另一个为 3 肽,位于 β-酪蛋白 60 ~62 氨基酸序列上。动物试验表明:这两个肽在相对低的剂量(0.1 μmol/L)就可起到刺激小鼠腹膜巨噬细胞吞噬绵羊红细胞(SRBC)的作用。静脉注射后,这两个肽可保护小鼠免受肺炎克雷伯杆菌(Klebsiella pneumoniae)的感染;当剂量低至 0.5 mg/kg 体重时,6 肽也具有明显的活性。对于 3 肽,通过静脉或皮下注射,当剂量达到 1 mg/kg 体重时,就可产生作用。这两个肽对人体内巨噬细胞的吞噬功能也有刺激作用,可促进人体血液单核细胞和巨噬细胞对衰老的红细胞的附着和内吞,当剂量达到 0.2 μmol/L 时,即开始起作用,且这一作用具有剂量效应。

Migliore Samour 等研究发现,从酪蛋白提取的 4 个肽,它们位于 αs1-酪蛋白的 94 ~199 氨基酸序列及其 β-酪蛋白的 193 ~202、63 ~68、191 ~193 氨基酸序列上,会刺激老鼠腹膜巨噬细胞吞噬绵羊红细胞,并且利用静脉注射的方法发现,这些肽具有保护老鼠不被 Klebsiella pneumoniae 感染的能力。在 Coste 的试验中发现 β-酪蛋白 C 端的 193 ~209 氨基酸序列可诱导大鼠淋巴细胞的增生。而某些肽片段甚至可根据不同浓度来决定是否诱导或抑制淋巴细胞的增生。另外 Kayser 等在 1996 年的文献中指出,Tyr-Gly 和 Tyr-Gly-Gly 片段可以诱导人类周边血液淋巴细胞的增生。乳清蛋白中的乳铁蛋白(Lactoferrin)是一类能与铁离子结合的糖蛋白,广泛存在于哺乳动物的体液中,包括乳汁。在乳铁蛋白的 N 端有一段肽序列称为 lactoferricin,位于 17 ~41 氨基酸序列上,在 Tomita 等的研究中被证实具有抗菌的能力。

2)降血压肽

目前已从乳蛋白及其酶解物中分离鉴定出许多具有生物活性的肽,其中一些肽类具有抑制血管紧张素转化酶(ACE)活性,从而降低高血压。从乳蛋白中提取 ACE 抑制肽,可以通过乳蛋白酶解物提取,也可通过乳蛋白的酸乳发酵制取,还可以根据已确定具有 ACE 抑制活性的乳肽的氨基酸序列进行合成得到。王海燕报道有人研究了牛乳酪蛋白膜蛋白酶水解物的降低高血压作用,从酶解物中提取出具有 ACE 抑制活性的 12 肽,IC_{50}(抑制 50% 酶活的浓度)是 77 μmol/L,经氨基酸分析发现此肽与 αs1-酪蛋白 23 ~34 氨基酸序列相同,只是其中谷氨酰胺换成了谷氨酸。Yamamoto

等进行了 Lactobacillus helveticus 菌发酵的 Calips 酸奶和牛乳酪蛋白的膜蛋白酶水解物降血压对比试验，用酸奶(5 ml/kg)以及乳酪蛋白的膜蛋白酶水解物(15 mg/kg)饲喂 SHR 大鼠，单次口服 4 h 后即能有效地降低血压，其原因是在牛奶的发酵过程中产生了 ACE 抑制肽。他们还证实只有 Lactobacillus helveticus 菌发酵的酸奶才有此效果。吴琼英等用脱脂乳进行乳酸发酵，在 37 ℃培养 24 h，所得的发酵乳体外对 ACE 的抑制率为 70.473%；对原发性高血压大鼠的降血压试验表明，发酵乳具有很好的降血压效果，以 10 ml/kg 的剂量灌胃后，最大降压值为(3.4% ±1.36%)，最低血压持续时间为 5 h。

于江虹等从牛乳蛋白水解物中分离出 ACE 抑制肽，在体外试验中对 ACE 的酶活性具有很强的抑制作用(IC_{50} <40 周/ml)。动物试验表明，无论单次或连续给样，对肾血管狭窄型高血压大鼠(RVHR)均有显著降压作用，对正常大鼠的血压则无影响。赵骏等以酪蛋白为原料，经微生物酶酶解后，利用 RP-HPLC 进行肽谱分析。图谱表明，在微生物酶的作用下，酪蛋白胶粒解聚释放出 αs1-CN、αs2-CN、β-CN 和 ε-CN 单体，然后分别被酶水解成分子质量较小且比较集中的肽段。其中有两个组分的抑制率分别达到 72.6% 和 5.5%。

3)阿片肽

阿片肽又称类鸦片肽，是一类具有吗啡样活性的小分子活性肽，这些肽与吗啡一样，具有镇静、催眠、抑制呼吸等作用，与目前使用的镇痛剂的不同之处在于：它经过消化道进入人体后无副作用。许多食物蛋白经过酶解后都会产生吗啡样活性肽，如酪蛋白、牛奶中的其他蛋白，小麦蛋白，大米蛋白等。乳源是阿片肽的重要来源，人们对其进行了深入的研究与开发。

(1)乳源阿片肽的结构与特性。

Brantl 等 1979 年首次研究了具有阿片拮抗活性的酪蛋白肽，他们在饲喂豚鼠一种蛋白酶解制剂时，发现回肠纵行肌毛细血管中存在一种阿片样肽活性物质。阿片肽通过与之相对应的受体结合而发挥作用，阿片拮抗剂如纳洛酮可以抑制其作用，阿片肽结构中含有典型的 N 末端序列：Tyr-Gly-Gly-Phe，其中第一位 Tyr 残基对阿片样活性十分重要，更换后将丧失与阿片受体的结合能力。

人们从牛乳酪蛋白水解液中已经发现了几十种具有重要生理功能的活性肽。乳中含有 αs1-、αs2-、β-、κ-四种酪蛋白，都含有活性肽的序列，其中以 β-酪蛋白研究最多。β-酪蛋白被酶水解后，其 60 ~ 70 氨基酸残基序列(Try-Pro-Phe-Pro-Gly-Pro-Ile-Pro-Asn-Ser-Leu)因水解程度不同而产生具有不同功用和活力的阿片活性肽，这一系列肽被命名为酪啡肽(β-casomorphins，β-CM)。另外这些肽又可通过在 C 末端酪胶化作用或被 *D*-氨基酸代替获得的 R—酪啡肽衍生物。研究发现，在人和水牛乳的 β-酪蛋白中也含有阿片活性肽序列，如从人乳分离的阿片肽 β-exorphin 的研究主要集

中在 β-CM-7 和 β-CM-11(数字为残基数)。

(2)乳源阿片肽的生理功能。

研究发现,在新生牛犊的血液中含有大量的 β-CM-7 免疫反应物质。成年人饮用牛奶后其小肠内容物中也发现有免疫反应性的 β-酪啡肽。在婴幼儿奶粉和酸奶中也可用放射免疫的方法检测到酪啡肽。可见由乳源获得的阿片肽对人体是安全的,是一种有发展前途的治疗剂,它有许多生理功能。

①镇静、镇痛作用。

阿片肽最突出的作用就是镇痛效果,常用于临床上灼伤等慢性疼痛的治疗。另外,它常用于镇痛,有舒缓精神和减轻压力的作用。酪啡肽也可用于促进婴幼儿的镇静和睡眠,如研究中发现,在预处理的婴儿乳制品中,高含量的 β-CM-7 及其衍生物能减少婴儿的啼哭并增加他们的睡眠。

②对胃肠道运动的影响。

乳源性酪啡肽可调节消化道运动、肠上皮细胞对离子的转运以及其消化液的分泌,有延长胃肠蠕动和刺激胃肠激素的释放等功能,具有抗腹泻的作用。饲喂酪蛋白或酪蛋白水解物可降低狗和牛消化道运动的振幅和频率,减缓大鼠胃的排空。Kil 研究发现,动物食用乳蛋白或酪蛋白水解物后,能降低牛胃收缩的幅度和频率,减慢大鼠胃排空和胃肠道内容物的转换。Schusdziarra 将含有 100 mg β-CM-7 氨基化合物的食物喂狗,发现狗胃肠的蠕动受到抑制,50 mg 剂量时可抑制人的肠蠕动,而后者的剂量相当于临床治疗腹泻的剂量,因此是临床治疗腹泻的潜在药物。

③对采食的影响。

阿片活性肽能调节动物的采食量,影响营养素的吸收和代谢。一般认为它通过调节胰岛素的分泌而刺激摄食,加强采食量,而阿片拮抗肽则相反。在湖羊饲喂添加有乳源活性肽的饲料试验中发现,随着食糜中活性物质含量的增加,粗采食量增加 7.99%。

④对脂肪代谢及氨基酸转运的影响。

牛的酪蛋白水解液能够提高过氧化物酶对低密度脂蛋白的氧化作用,促进高脂肪食物的消化吸收。另外 β-CM 能够与小肠上皮细胞的表面紧密接触,并能改变 *L*-亮氨酸穿过小肠上壁绒毛膜刷状缘的动力常数 V_{max} 和 K_m,因此被称为肠物质转运系统的化学信号。

⑤对内分泌的影响。

阿片活性肽对机体内分泌有调节作用。Kanarrogirr 等认为,β-CM 可使血浆中生长激素(GH)和胰岛素生长因子(IGF)水平升高。雌性大鼠腹腔内注射 β-CM-7(10 g/L),血中催乳素的浓度也明显提高。近年来,随着对乳源活性肽研究的不断深入,人们发现它还可用于妇产科内分泌疾病的治疗,如痛经、子宫内膜异位症、更年期综合征等,而部分阿片拮抗肽已经应用于治疗闭经、不孕、溢乳症等。

⑥对免疫系统的调节。

阿片肽在免疫系统内也起到多方面的调节作用。根据阿片肽浓度的不同及机体免疫状态的差异,阿片肽有增强或抑制免疫功能(即双向调节功能),具体的机理有待进一步探讨。另外阿片肽可通过调节淋巴细胞增殖而促进胎儿免疫系统的发育。

4. 酪蛋白磷酸肽

酪蛋白磷酸肽(casein phospho peptides,CPP)可以分别与 αs1-、αs2-、β-酪蛋白等牛乳酪蛋白的不同区域的肽段作用,使得酪蛋白中大量磷酸丝氨酸残基能够结合二价的金属离子,如 Ca^{2+}、Zn^{2+}、Cu^{2+} 和 Fe^{2+}。CPP 可与 Ca^{2+} 结合形成可溶性复合物,增加了可溶性钙的浓度,防止在中性到偏碱性的小肠环境内磷酸钙的沉淀。

1)CPP 的制造与结构

酪蛋白是牛乳蛋白的主要蛋白成分,占牛乳总蛋白的 80%,它含有 αs1-、αs2-、β-和 κ-酪蛋白四种成分,其比例是 34:8:33:9,其一级结构均已精确确定。除 κ-酪蛋白外,α-和 β-酪蛋白都具有高含量的磷酸丝氨酸残基,且这些磷酸丝氨酸残基成簇存在,在 α-酪蛋白中,集中在 40 ~ 80 残基中;在 β-酪蛋白中,集中在 N 端。这些成簇存在的丝氨酸残基对酪蛋白特殊的功能具有重要的意义。

制备 CPP 时所用的蛋白酶主要是动物肠道的胰蛋白酶。胰蛋白酶具有较强的专一性,要求提供援基参与形成被水解的肽键的氨基酸残基的侧链的氨基酸为 Lys 和 Arg。

2)CPP 的理化性质

何唯平等对 CPP 的理化性质进行了研究,用氨基酸分析仪法测定了日本太阳化学株式会社生产的 CPP 的氨基酸组成,比较了 CPP 和原材料酪蛋白钙的氨基酸组成。CPP 的氨基酸组成几乎与酪蛋白钙相同。同时,用凝胶过滤色谱分析法测定了 CPP 的相对分子质量分布及其平均相对分子质量。结果表明,CPP 的平均相对分子质量为 2 862,磷酸多肽含量为 12.6%。

3)CPP 的持钙特性及促进钙吸收功能

早在 20 世纪 50 年代初,Mellander 就证实了 CPP 在没有维生素 D 参与的情况下可以促进钙的吸收,并首次从酪蛋白的胰蛋白水解产物中分离出磷酸肽,发现这些肽的钙盐在生理条件下具有非常好的溶解性,无论正常婴儿还是佝偻病患儿,对 CPP 形式的钙比对自然状态的钙吸收得更好。此后,Reeve 从酪蛋白的水解产物中分离到 CPP。

4)CPP 促进钙吸收活性机理

Lee 等在活体观察 CPP 促进钙吸收的试验中发现 CPP 能提高无机磷酸盐在肠内的溶解性。为了解释这一现象,STAO 等进行了下述试验:在 $CaCl_2$ 溶液中加入生理

pH 的磷酸缓冲液测可溶钙的量。若在加入磷酸缓冲液之前,加入少量的 CPP,可使磷酸钙的沉淀形成延迟 12 h,而 12 h 足以允许钙吸收过程完成,保留在溶液中的是液中 CPP 和钙大致物质的量之比为 1∶40。但是,当将 CPP 加入氯化钙和磷酸盐的悬浊液中时,却没有上述作用。这表明 CPP 虽可抑制磷酸钙形成沉淀,却不能使已形成的磷酸钙沉淀溶解。Glimcher 对 CPP 抑制磷酸钙沉淀的机理做如下解释:磷酸钙在初始形成时是无定形的,之后逐渐转变成晶体形式,CPP 黏附在其表面,阻止晶体长大。大量的肠内溶解钙以很高的频率和 CPP 不断接触,这些离子在不受磷酸根作用的状态下被带到肠黏膜。在此,CPP 起着调节晶体成长的作用,它不仅抑制或延迟晶体成长,而且在骨质化的后期起着加速晶体成长作用。CPP 对钙的这种中等强度的可交换结合似乎可以说明为何乳及乳制品中钙具有高吸收性。

5)CPP 的用途

(1)改善骨质疏松。

CPP 能促进人体对钙、铁的吸收。在体外模拟试验中,CPP 能显著地延缓或阻止难溶性磷酸盐结晶的形成:在模拟小肠环境下(pH7.0,37 ℃),将 20 mmol/L Na_3PO_3 溶液 1 ml,加入 20 mmol/L Ca^{2+} 和 40 μg β-CPP 的混合液 0.25 ml 后,经 0~24 h 后,其上清液中钙量基本不变,而对照组却大幅度下降。在体外模拟小肠的环境下(pH7.0,37 ℃),CPP 不但能阻止 Ca^{2+} 的沉淀,同样能阻止 Fe^{2+} 的沉淀。在 Ca^{2+} 浓度为 2.5 mmol/L 和 PO_4^{3-} 浓度为 10 mmol/L 条件下,加入不同浓度的 CPP,溶液中可溶性 Ca^{2+} 和 Fe^{2+} 都会随着 CPP 浓度的提高而增加,它们被胃和小肠吸收量也相应增加。因为由食物中摄入的 Ca^{2+} 或 Fe^{2+},在胃肠的酸性条件下,能处于良好的溶解状态,但在小肠中下部 pH 为 7~8 的弱碱性条件下,就会形成不溶性的盐类沉淀,故无法被吸收。CPP 的加入,大大减弱了不溶性盐类的形成,从而保证了 Ca^{2+} 和 Fe^{2+} 被吸收。另一方面,经大鼠试验,由于 CPP 的添加,Ca^{2+} 向血中的移行量为对照组的 20 多倍,Fe^{2+} 向血中的移行量为对照组的 10~20 倍。暨南大学医学院用广州轻工研究所研制的 CPP 进行了大鼠生长试验和代谢试验,表明 CPP 对提高钙的吸收率和储留率具有显著的促进作用。

(2)防龋齿。

CPP 能提高钙、铁、锌、镁等元素的生物利用率,并具有预防龋齿的功能,可用于预防和治疗牙结石。CPP 中的-丝氨酸(P)-丝氨酸(P)-丝氨酸(P)-谷氨酸-谷氨酸片段的肽,有抗龋齿功能,并称为“抗龋齿 CPP”(Anticariogenic Casein Phospho Peptides,ACPP),在 CPP 中约含 86% ACPP。ACPP 能通过络合作用稳定非结晶磷酸钙,并使之集中在牙斑部位,充当 Ca^{2+} 和 PO_4^{3-} 的缓冲剂,从而防止牙细胞所产生的酸对釉质的脱矿质作用。Reyhold 和 Thwaits 共同证明了 CPP 具有明显的防龋齿功能。所以,用 ACPP 制成的糖果,诱发龋齿的危险性大大降低。

(三)其他动物肽

除上述主要的动物肽外,还有很多动物蛋白可作为生物活性肽的来源,其中动物血肽和卵蛋白肽是最有发展潜力的活性肽类。畜血是肉类屠宰厂的副产品,主要用作饲料,仅有一小部分用于食品。因为血蛋白相对分子质量大,难消化,适口性差,在食用方面受到限制,绝大部分白白扔掉,严重污染环境。近年来,人们对血蛋白酶解成氨基酸和肽类进行了大量研究,杨炜等用蛋白酶水解猪血蛋白得到猪血水解蛋白。方俊等用发酵法制备出猪血肽。李艳伟等用动物蛋白酶水解猪血蛋白,经过分离,得到具有免疫增强活性的小肽。同时他们进行了相关体外和体内免疫增强活性试验,结果表明,猪血肽具有很好的免疫增强作用。目前人们对这些肽的研究还处于试验室阶段,产品制备工艺和生物活性方面还需进一步研究、探讨。

三、其他陆地生物肽

谷胱甘肽(GSH)是一种具有重要生理功能的活性三肽,它由谷氨酸、半胱氨酸和甘氨酸经肽键缩合而成,化学名称为*γ-L-*谷氨酰连*-L-*半胱氨酰甘氨酸(如图2-2所示)。GSH的相对分子质量为307.33,熔点189~193 ℃(分解),晶体呈无色透明细长柱状,等电点为5.93。它溶于水、稀醇、液氮和二甲基酰胺,而不溶于醇、酚和丙酮。GSH固体较为稳定,而水溶液则易被氧化。其分子中有一特殊肽键*γ-*谷氨酰胺键,GSH的许多特殊性质与此肽键有关。GSH分子中有一个活泼的巯基—SH,易被氧化脱氢,两分子GSH失氢后转变为一分子氧化型GSH(GSSG),在机体内起重要生理作用的是还原型GSH。

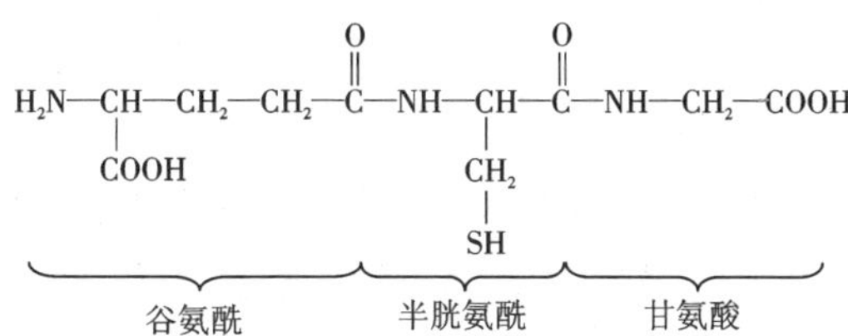

图2-2 GSH的化学结构

1921年Hopkins首先发现了GSH,1930年其化学结构得到确证,接着Rudingen等人先后合成了GSH,1938年出现了利用酵母制备GSH的最早专利。GSH广泛存在于自然界中,动物肝脏、酵母和小麦胚芽中都含有丰富的GSH,而植物组织中的GSH则较低。一些动植物中的GSH见表2-7。

表 2-7　动植物组织中的 GSH 含量　mg/100g

名称	含量	名称	含量
小麦胚芽	98～10	四季豆	1～3
番茄	24～33	绿豆芽	0.15～0.2
菠菜	10～24	洋葱	0.25～0.5
黄瓜	12～19	蘑菇	0.06～0.08
茄子	6～10	鸡血	58～73
青椒	3～5	猪血	10～15
胡萝卜	0.7～1	狗血	14～22
马铃薯	2～4	鼠血	29～38
大豆	6～11	鼠肝	80～143

（一）GSH 的生产方法

谷胱甘肽的生产方法有溶剂萃取法、化学合成法、酶法及发酵法 4 种，GSH 的早期生产都采用萃取法，原料多为酵母，这是生产 GSH 的经典方法，也是发酵法生产流程中的下游工艺的基础。化学合成法生产工艺已成熟，但化学合成的 GSH 是消旋体，需要进行光学拆分，且工艺过程存在成本高、操作复杂和环境污染等问题，不适于工业化生产。由于发酵法生产 GSH 的工艺及方法不断得到改进，目前已经成为生产 GSH 最普遍的方法。下面简单介绍发酵法。

自 1938 年发表了由酵母制备 GSH 的最早专利以来，出现了多种发酵生产 GSH 的方法，包括酵母诱变处理法、绿藻培养提取法及固定化啤酒酵母连续生产法，发酵法生产 GSH 的工艺及方法不断得到改进，其中又以诱变处理获得高 GSH 含量的酵母变异菌株来生产 GSH 最为常见。酵母诱变方法有药剂（如亚硝基胍）处理法，X 射线、紫外线、γ 射线或 Co 照射等方法，其中药剂处理法较容易掌握，投资较小。

通过培育 GSH 合成能力强和胞内 GSH 含量高的微生物，筛选和优化培养基配方，建立和优化发酵控制策略，改进和提高下游工程技术等，最终提高 GSH 产率和质量。发酵法生产 GSH 所采用的微生物一般是酵母，从酵母细胞中提取 GSH 的工艺流程如下：

　　诱变剂
　　　↓
酵母　→　高产酵母→热水抽提→离心→调 pH→树脂吸附→酸洗脱→CuO 沉淀→离心沉淀物→加 H_2S 置换→离心过滤→浓缩→脱色→喷雾干燥→成品

（二）GSH 的生理功能及临床应用

随着自由基病因学的推出，GSH 的抗氧化、消除自由基、激活酶等作用愈来愈受到人们的重视。通过人工合成方法制得的 GSH(如古拉定、阿拓莫兰)已被广泛用于临床,其疗效确切,副作用小,在抗损伤及代谢调节中起关键作用。

1. 清除体内氧化物和自由基

GSH 可在含硒氧化物酶(GSHpx)的催化下将体内有害的过氧化物、自由基加以化解和清除,如下式所示:

$$2GSH + ROOH \xrightarrow{GSHpx} GSSG + 2ROH$$

ROOH 和自由基不仅氧化某些具有重要生理作用的含巯基的酶蛋白质,使之丧失活力,而且还将细胞膜磷脂分子中多不饱和脂肪酸氧化,而生成的过氧化脂质又通过自身的催化连续生成大量过氧化物,因此 GSH 通过自身氧化能中止脂质过氧化的连锁反应。

2. 维护红细胞的形态和带氧能力

红细胞内氧的代谢非常旺盛,GSH 则是重要的抗氧化物质。当某些氧化剂或毒物进入人体内后可使红细胞膜磷脂和胞内血红蛋白(Hb)的—SH 氧化,后者的氧化产物附着于红细胞膜内侧面,损坏膜的功能,使红细胞过早地破坏沉淀,甚至出现黄疸。尤其是有遗传缺陷而先天缺乏 6-磷酸葡萄糖脱氢酶(G-6PD)的人更易受到伤害,因为这种个体不能使 6-磷酸葡萄糖脱氢酶(G-6PD)脱氢转化为 6-磷酸葡萄糖酸(6-P-G)而将脱下的氢传递给氧化型辅酶(NADP),使其转化为还原型辅酶(NADPH),从而细胞内 GSH 难以形成,见图 2-3。

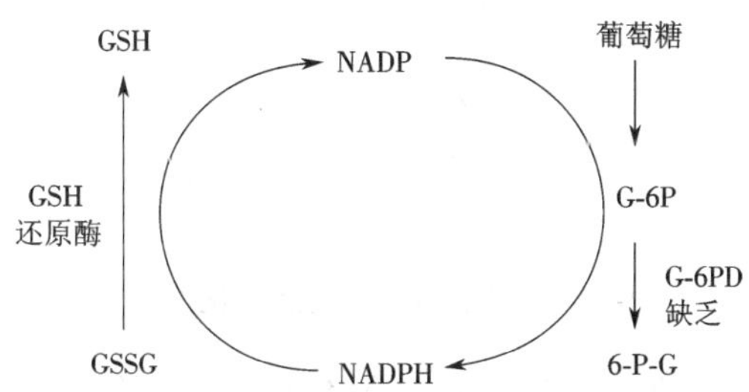

图 2-3 NADPH 与 GSH 的关系

由于体内没有足量的 GSH,红细胞膜、血红蛋白以及细胞内其他含巯基的酶极易遭受氧化性物质的伤害,红细胞,尤其是较老的红细胞易于破裂,发生溶血性黄疸。如有人吃了新鲜蚕豆突然感到头疼、恶心、寒战、发热、血红蛋白尿、黄疸、贫血,重者出现酸中毒及氮质血症,可在 2 天内死亡。这种蚕豆病的发病就与先天性缺乏 G-6PD 有关:蚕豆内含有潜在的毒性成分,如具有醌式结构的蚕豆嘧啶和异氨巴比妥酸,它们的氧化能力较强,通过一系列的氧化过程损伤红细胞而发生溶血。

同理,先天性缺乏 G-6PD 的人由于体内没有足够的 GSH,而不能有效保护红细胞膜,极易遭受伯氨喹啉、磺胺类、硝基呋喃类、阿司匹林、氯霉素、亚甲蓝等54种药物的伤害而出现溶血性贫血。如美国有些黑人对某些抗疟药特别敏感就在于此。

GSH还可以保持血红蛋白的铁为2价,具有氧化性的药物以及血液内自然产生的一些过氧化物可使血红蛋白中的Fe^{2+}变成Fe^{3+},这种高铁血红蛋白是没有输送氧的能力的。GSH具有还原性从而防止血红蛋白的变性。

3. 参与某些蛋白质的合成和酶的激活

GSH是甘油醛磷酸脱氢酶的辅酶,又是乙二醛酶、前列腺素E合成酶等多种酶的辅酶,对酶的催化活性十分重要。GSH参与蛋白质分子中二硫键的重排作用,使其形成一种热力学上最稳定的结构,对维持蛋白质(酶)的稳定性有重要意义。

4. 保肝解毒

病毒性、药物性、酒精性及其他化学毒物引起的肝损伤与细胞内自由基浓度增高有关:自由基引起肝细胞膜和细胞器膜的脂质过氧化,使膜失去流动性,膜的功能丧失;同时,自由基氧化细胞内的大分子生命组分(DNA、RNA、蛋白质、酶),导致细胞代谢紊乱。GSH对各种吞噬细胞在反应中所产生的过氧化物、活性氧均有拮抗作用,从而防止过氧化物对肝细胞的损害,见图2-4。

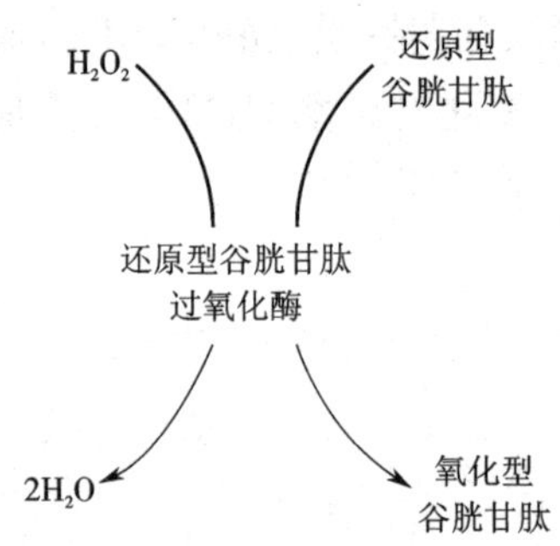

图2-4　还原型谷胱甘肽氧化过程

另一方面,GSH通过维持肝脏的甲硫氨酸含量,保证转甲基和转丙基反应,以维护肝脏的合成、解毒,胆红素代谢与激素灭活等功能。

上海市13家医院组成的GSH临床协作组用GSH(1 200 mg/d)治疗不同原因所致的慢性肝病295例,静注3周时显效率为40.5%,总有效率79.1%。脂肪肝患者使用GSH后,80%的ALT降至正常;伴有高甘油三酯和低密度脂蛋白(LDL)血症者也恢复到正常范围。

GSH的解毒作用也是极其显著的。南京医大附院程蕴林报告,用GSH治疗药物性肝病7例和中毒性肝病3例均为100%显效。其中1例因吞食生鱼胆发生中毒性肝病和中毒性肾病,经GSH静滴1周后,肾功能正常,一个疗程(1 200 mg/d×20 d)后肝功能恢复。

GSH 是生物体的一种解毒物质，它可与外界侵入生物体内的各种有毒化合物、重金属离子以及致癌物质等有害物质相结合，并促使其排出体外，起到中和解毒的作用。临床上已利用 GSH 解除丙烯腈、氟化物、一氧化碳、重金属及有机溶剂的中毒现象。

5. 防治白内障

GSH 眼药水（Tathion Eye Drops，益视安，依士安）早在 20 世纪 70 年代被用于白内障的治疗。GSH 在眼晶状体及角膜中含量较高，当晶状体混浊时，GSH 含量下降。晶状体混浊与不溶性蛋白含量升高、含有—SH 的可溶性蛋白含量下降有关。滴入益视安（体外补给 GSH），不仅能保护可溶性蛋白的—SH 不受氧化，而且还能使含—S—S—键的不溶性蛋白质还原成含—SH 的可溶性蛋白质，从而阻止白内障的发展。河南眼科研究所用本品治疗 34 只眼睛，显效 26.4%，有效 67.6%。

由于 GSH 具有广泛重要的生化特性，其药用范围日渐扩大。日本是生产和使用 GSH 最早的国家，他们将本品用于肝病（脂肪肝、肝炎、肝硬化）、中毒（酒精中毒、药物中毒、金属中毒、自体中毒、妊娠中毒）、皮肤疾患（湿疹、皮疹、草麻疹、色素沉着）、眼疾患（白内障、角膜损伤）、防止抗癌药物的毒副作用和放射性损伤等，这些值得国内 GSH 生产和应用厂商借鉴。

第三章 活性肽与食物营养

第一节 活性肽与食物营养简述

一、活性肽营养学的概念

所谓肽营养学(peptide nutrition)就是研究来自食物中的肽类成分对人体健康状况影响的科学。具体来说,肽营养学的研究内容包括来自食物中的肽的种类,肽的消化、吸收、代谢和对食物本身及对人体健康状况的影响,主要研究具有生物活性的肽类的来源、种类及对人体健康的各种作用及作用机制,并介绍各种肽的制备方法等内容。

生物活性肽在自然界中广泛存在,在生物的生命活动中起着非常重要的调节作用,涉及分子识别、信号转导、细胞分化及个体发育等诸多领域。自从 1975 年,Hughes 等首先报道从动物组织中发现了具有类吗啡活性的小肽以来,已经从动植物和微生物中分离出多种多样的生物活性肽。生物活性肽的结构可以从简单的二肽到较大分子的多肽。它们具有多种多样的生物学功能,如激素作用,免疫调节,抗血栓,抗高血压,调节血糖,降胆固醇,抑制细菌,抑制病毒和抗癌,抗氧化,改善元素吸收和矿物质运输,促进生长,调节食品风味、口味和硬度等等。因此,生物活性肽是筛选药物,制备疫苗、保健食品以及食品添加剂的天然资源宝库。生物活性肽可作为药物、保健或功能食品、疫苗、导向药物、诊断试剂、酶抑制剂及食品添加剂的原料,因此在生物医药以及保健食品等领域具有广阔的应用前景。

蛋白质是具有高度种属特异性的大分子,它不易吸收,必须经过消化过程分解为氨基酸才能吸收。这种传统的观点束缚了肽在消化道吸收的机制研究,完整肽进入上皮细胞而在细胞内水解、吸收通路的存在被忽视了相当长的时间。大量的事实证明,蛋白质不是仅以氨基酸形式吸收,而更多以肽的形式吸收。早在 100 多年前就有人提到了肽转运的可能性。1953 年 Agar 证实了完整双甘肽在大鼠肠道跨上皮的转运;20 世纪 60 年代 Newey 和 Smyth 第一次提供了肽被完整吸收的资料,他们发现蛋白质在小肠中的消化产物不仅有氨基酸,还有大量的寡肽,而且肽可完整地进入肠黏膜细胞,并在黏膜细胞中进一步水解生成氨基酸进入血液循环;70 年代 Mathews 等用甘氨酸肌肽及肌肽在离体的肠运转试验中表明,肽的吸收多以二肽、三肽的形式;1979 年 Steffen 证明了被标记的酶可以穿过小肠壁的事实,使人们联想到较大分子的多肽是否能通过消化道吸收;80 年代初 Werk 等用放射免疫的方法,以豚鼠为试验对象进行胸腺肽在胃肠道的吸收研究,结果表明,小肠吸收 30 min 后,各组织细胞就有大量放射活性物质,2 h 达高峰;目前已积累了越来越多关于完整短肽肠道转运的证据。肠黏膜对氨基酸和肽的吸收过程是复杂的,一般认为二肽、三肽被吸收摄入肠细胞后,被肽酶水解以游离氨基酸的形式进入血液循环,但近年的生理和药理试验证实,在某些情况下完整的肽能够通过肠黏膜的肽载体进入循环。

进一步研究发现,人体摄入的蛋白质经消化道中的酶作用后,大多是以寡肽的形式被消化吸收的,以游离氨基酸形式吸收的比例很小。而且,机体对寡肽的吸收和代谢速度比对游离氨基酸快。这主要是因为寡肽与游离氨基酸在体内有不同的输送体系。其中,转运寡肽的是 H^+ 依赖性载体,这与氨基酸通过 Na^+ 依赖性载体介导在小肠黏膜的吸收是不同的,二者并不存在竞争机制。寡肽类物质在肠道有多种吸收途径,部分寡肽在小肠吸收后,经胞浆肽酶水解为氨基酸并经侧基底膜载体的介导进入细胞间质及血液循环,一些寡肽被吸收后可直接进入血液。部分分子量较大的多肽也能以完整的形式经跨细胞膜途径、旁细胞途径、M 细胞途径、肽载体等被肠道吸收并在体内产生生物学效应。此外,肽在机体肠道细胞中还存在许多独立的肽酶反应,加上肽的渗透压力比氨基酸的小,这就使得一些寡肽能以完整的形式被机体吸收进入血液循环系统,并被组织利用。蛋白质以肽的形式被吸收,既避免了氨基酸之间的吸收竞争,又能减少高渗透压对人体产生的不良影响。因此,以肽的形式为机体提供营养物质,有利于尽快发挥肽的功能效应。肽的生物效价和营养价值比游离氨基酸要高。因此,肽营养已成为蛋白质营养研究的新热点。

二、活性肽营养学的地位

蛋白质是生命的物质基础,没有蛋白质就没有生命。组成蛋白质的结构单元是氨基酸,以往人们大多关注氨基酸对人体的营养价值,特别是关注必需氨基酸在营养上的作用,但却一直忽视了一点,那就是蛋白质的生理作用不仅与组成的氨基酸种类和数量有关,更与氨基酸的连接顺序、空间结构等有关。组成有机生物体的 20 种氨基酸从空间结构上来说比较简单,但以不同数目、不同种类的氨基酸结合形成肽就会产生空间结构上较大的差异,这也是肽具有多种生物活性的结构基础。因此,肽营养学就跳出蛋白质营养学及蛋白质营养、氨基酸营养的狭隘界限,发展空间更为广阔。

(一)肽营养学开启了研究食物营养的新篇章

我们知道,人体主要由20种氨基酸组成,但在自然界中存在成百上千种的氨基酸,由于肽营养学是研究来自于可食动植物的肽对人体健康的影响,因此我们面对的肽的世界也和蛋白质一样,是组成不同、排列不同、空间结构不同的群体,引发人们的探索欲望。同时,肽类成分对营养学、食品加工利用,疾病防治等所起到的作用,渐渐地使人大开眼界,也逐渐令人叹为观止。可以说,肽营养学开启了食物营养研究的新篇章。

(二)肽营养学研究肽类的营养生化作用

肽影响着生物体内许多重要的生理生化功能。它们在体内作为神经递质、神经调节因子和激素等参与受体介导的信号转导。已知有100多种活性肽在中枢和外周神经系统、心血管系统、免疫系统和消化系统等中发挥作用。肽还通过与受体的相互作用影响细胞间的信息交流,并参与许多生化过程,如代谢、疼痛、再生和免疫应答等。

随着人们对生物活性肽作用模式的了解日益增多,人们对其在医学、营养学、食品学、药学等领域的应用越来越感兴趣。目前研究发现,来自于普通食物如牛奶、玉米、鱼、大豆的肽具有多种生理活性,可用于改善人们的健康状况,用于疾病的预防及治疗,特别是对人体内源性的活性肽的研究如对谷胱甘肽、神经肽等的研究,让人们可以利用动/植物性食物,提取、分离、酶解生物活性肽,使人们对疑难疾病的治疗及康复产生了新的希望,而肽在其中起着关键性的作用。

(三)肽营养学有助于人们科学、合理地摄入食物,有利于食物资源的再生及利用

以往人们对肽的研究,多集中在药物的研究上。随着人类疾病谱的改变,预防胜于治疗已经被广泛接受及认同。了解来源于食物的肽类成分的结构、提取加工方法、对人体的保健作用及其机制非常重要,肽营养学有助于人们更充分地认识食物,对食物采用科学、合理的加工及使用方法,如牛奶中含有镇静作用的安神肽,可在临睡前少量饮用,帮助睡眠。在传统食品的加工过程中,含量较低的肽类成分经常被当成无用的废弃物弃去,由于其含氮,常易造成环境污染。如绿豆的蛋白质在加工粉丝时常随废水一起丢弃,如果将其吸附、酶解则可以获得有助于心血管健康的绿豆肽。

(四)肽营养学有助于疾病的预防

肽营养学将在生命科学及营养学中占有特殊的位置。肽营养学是一门新兴的科

学,因为传统的肽的研究多集中在化学、药学领域,而从营养学的角度,诠释食物中的肽类成分的生物学功效,对人体健康的作用,对疾病的预防,有助于人们选择具有生物活性的肽类营养品或者食品,用于疾病的预防。

(五)肽类在营养学上的其他作用

1. 提高食物氨基酸的利用率

促进蛋白质的合成研究发现,大鼠肌细胞、牛乳腺表皮细胞以及羊肌源性卫星细胞均能有效地利用含甲硫氨酸的寡肽,作为氨基酸的来源,用于合成蛋白质和细胞增殖。肝脏、肾脏、皮肤和其他组织也能完整地利用寡肽,当以寡肽形式作为氮源时,生物利用率高于单纯氨基酸或完整的蛋白质。

2. 提高矿物质的利用率

据研究报道,在蛋鸡饲料中添加寡肽后,鸡血浆铁离子、锌离子的含量显著高于对照组,同时蛋壳强度提高。铁可以和寡肽形成配合物,促进铁的吸收及利用,非血红素铁与寡肽结合后能到达特定的靶组织/靶器官,又能自由地通过成熟的胎盘,相当于血红素铁的作用。

3. 促进生长发育

有研究发现,婴幼儿期膳食中合理添加寡肽类成分,不仅有助于婴幼儿的生长发育,而且还有助于预防成年期慢性病的发生。

4. 阻碍脂肪吸收

有研究发现,膳食中的某些寡肽类成分能够有效地阻止脂肪的吸收,并且能促进脂肪的代谢。

5. 降低肠道疾病的发生率

还有研究报道,某些寡肽能促进消化酶的分泌,促进胃肠道蠕动,降低肠道疾病的发生率。

三、活性肽营养学的发展趋势

肽营养学起源于肽化学,肽化学对生命科学领域贡献很大。在生物化学研究领域中,合成的肽类化合物可作为抗原产生抗体,也可作为酶的底物研究酶的活性部位,或作为酶抑制剂影响信号传递。合成的寡肽可调控蛋白—蛋白分子间的相互作用。

我国在生物活性肽的研究和开发上,从事活性肽的研究单位也多从医药角度出发,研究力量及经费投入较少,限制了活性肽药食两用功能的发挥,市场上国产的活性肽药品和保健食品/食品寥寥无几。但近几年研究逐步活跃起来,报道渐多,前景看好。当前生物活性肽研究开发的方向是:肽的定向酶解技术开发,包括高效、专一性强的酶种选育、复合酶系共同作用机制,脱苦微生物的分离、纯化和机制研究,酶解工艺改进技术等;功能性肽的分离、分析技术开发,包括新型高效分离设备和分离工艺,灵敏度高、简单易行的目标肽活性分析检测体系和分析技术及下游精制技术;肽的功能性生物学评价研究;生物活性肽功能食品开发等。

第二节　活性肽在保健和功能食品中的应用

生物活性肽具有多种多样的生物学功能,如激素作用,免疫调节,抗血栓,抗高血压,调节血糖,降胆固醇,抑制细菌和病毒,抗癌,抗氧化,改善矿物质吸收和运输,促进生长,调节食品风味、口味和硬度等。因此,生物活性肽是筛选保健食品的天然资源宝库。目前,在保健食品研发中经常会用到的生物活性肽大致有以下几种。

(1)大豆生物活性肽。

大豆是全世界应用最广泛的植物蛋白质资源,其显著的优点是较高的蛋白质含量和利用率,并富含赖氨酸、色氨酸、苏氨酸、异亮氨酸和玉米、高粱等食物中严重缺乏的一些必需氨基酸。与具有相同氨基酸组成的大豆蛋白质相比,大豆蛋白酶解物中的大豆肽具有许多独特的理化特性与生物学活性。大豆肽是大豆蛋白经蛋白酶作用后,再经过特殊处理而得到的蛋白质水解物,其氨基酸组成几乎与大豆蛋白质完全一样,且含量丰富,具有比大豆蛋白质更高的营养价值。大豆肽是多种肽分子的混合物,并含有少量游离氨基酸、糖类和无机盐,其通常由 3 ~ 6 个氨基酸组成,平均肽链长度为 3. 2 ~ 3. 5,分子质量以低于 1 000 的为主,主要分布在 300 ~ 700 范围内。大豆肽易消化、易吸收,而且具有多种生理功能:降胆固醇、降血压、促进脂肪代谢和控制体重、增强运动员肌肉和抗疲劳、促进矿物质吸收、抗氧化、促进双歧杆菌和乳酸菌增殖等。目前,从大豆蛋白中已分离出多种纯化的大豆生物活性肽,如降血压肽、降胆固醇活性肽、抗氧化肽、高 *F* 值寡肽等。

(2)海洋生物活性肽。

鱼类是人们最早食用的海洋生物之一,其体内含有丰富的蛋白质成分,营养价值很高。但从其中开发具有药用价值的活性物质的研究却较少。地球上的海产资源丰富,全世界每年捕获的鱼类和虾类超过 1 亿 t。据报道,通过生物酶解技术从海洋生物中提取出的活性肽营养价值非常高,且具有特殊的生理功能。近年来,随着许多新的、先进的技术在海洋生物活性物质的分离、纯化及产品制备过程中的应用,如超临界流体萃取、双液相萃取、灌注层析、分子蒸馏、膜分离等现代分离技术,提高化合物活性的分子修饰、组合化学技术,加速药物研制的计算机辅助药物设计技术等,国内外已经有一大批海洋药物和海洋保健食品投放市场,如硫酸软骨素、鱼油胶囊等,这些产品都是通过对海洋生物中天然存在的活性物质的提取、分离、纯化等过程而制得的，其中有些经过化学修饰，进一步提高了其作用效果。我国传统医药中很早就有利用海洋生物原料进行疾病防治的实际应用，如文献报道的利用海蛇、海参、海星、鲨鱼及海洋鱼类等提取物治疗和预防某些疾病。

来自海洋生物的活性肽有两大类，一类是自然存在于海洋生物中的活性肽，主要包括肽类抗生素、激素等生物体的次级代谢产物，骨骼、肌肉、免疫系统、消化系统、中枢神经系统中存在的活性肽等，目前该类活性肽中研究较多的有鱼精蛋白、海绵肽、海鞘肽、海葵肽、芋螺肽、海藻肽及鱼类肽等；另一类是海洋生物蛋白质酶解产生的活性肽，目前已分离得到的海洋蛋白活性肽主要有从沙丁鱼中分离得到的 8 肽和 11 肽，从金枪鱼中分离得到的 8 肽，从南极磷虾中分离得到的 3 肽，从鲭鱼中分离得到的鲭鱼多肽，从东方狐鲤鱼蛋白中分离得到的多肽，从虹鳟鱼皮中得到的核蛋白肽，从鳕鱼排中分离得到的相对分子质量分别为 30 k、10 k、5 k 和 3 k 的 4 种活性肽，以及从深海鱼类(皮肤、骨髓、肌肉等)酶解获得的分子量在 200 ~ 1 000 的寡肽混合物。由于天然存在的活性肽含量较少，提取也较困难，因此，从海洋蛋白酶解产物中寻找生物活性肽已经成为人们关注的重点。

目前我国海洋生物活性物质的研究和开发与世界先进国家相比还存在一定差距，其主要表现在如下方面。①活性物质筛选等基础性工作相对薄弱。1976 年以来，全世界从海洋生物中分离得到的新型化合物达 3 000 多种，而我国进行海洋生物活性物质筛选的单位不多，分离得到单体且属新型化合物的很少。②活性物质的分离、纯化等技术与国外存在较大差距，设备落后，质量差，速度慢。③利用基因工程、细胞工程、酶工程、生化工程等生物技术手段，进行海洋生物活性物质开发更是刚刚起步，大部分项目还处于研究的初期。④产业化水平较低。国内虽已开发出了一些海洋保健食品，但绝大多数功能因子不明确。很多研究开发项目常常出现一拥而上的现象，其中大多数是较低水平上的重复。目前亟须解决的是对海洋生物活性物质的筛选、提取、纯化分离进行系统深入的研究，将其中的功能片段分离纯化，作为功能因子，真正开发出具有明确保健作用的第三代功能食品，这样不但可以造福社会，而且具有巨大的经济、环境和社会效益。

(3)乳蛋白生物活性肽。

人乳与动物乳被认为是最接近完美的食品，所含维生素、微量元素及其他各种营养素种类齐全，配比合理，其营养价值是其他食品不能相比的。随着经济的发展与人民生活水平的提高，势必对乳及乳制品业提出更高的要求。1995—2005 年，我国全脂鲜牛奶产量年均增长率高达 13%，预计 2020 年我国牛奶产量可达到 5 730 万 t。乳蛋白是生产乳制品(特别是奶酪)的重要原料，而蛋白酶是生产乳品的重要手段。国外研究主要集中于水解对产品风味、质构、色泽及贮藏稳定性以及对蛋白质理化和功能特性的影响等。当今这一领域再度引起人们的关注，是因为从中发现了多种具有生物活性功能的生物活性肽，如：阿片样肽、降血压肽、抗血栓肽、免疫促进肽、促钙吸收的酪蛋白磷酸肽（casein phospho peptides，CPP）等，其中 CPP 国内外都有产品问世。

（4）玉米醇溶蛋白肽。

玉米是我国的三大粮食作物之一，目前我国的玉米总产量居世界第二位，占世界总产量的 20%，占我国粮食总产量的 25%。玉米不仅在农业中占重要的地位，在工业生产中也是生产淀粉、酒精的主要原料，玉米湿法生产淀粉的副产物玉米面筋粉（俗称玉米渣），大约含 60% 的蛋白质，主要是由玉米醇溶蛋白（68%）、谷蛋白（22%）和球蛋白（1.2%）组成。然而玉米蛋白水溶性较差，组成复杂，口感粗糙，严重影响了其在食品中的应用。不仅如此，玉米蛋白就其氨基酸组成而言，赖氨酸和色氨酸含量较低，为其限制性氨基酸，根据衡量氨基酸组成的水桶平衡理论，玉米蛋白是一种非全营养蛋白。因此作为人体的营养成分，玉米蛋白的利用受到一定的限制；又加之玉米蛋白原料丰富，价格低廉，玉米淀粉的副产物很多未经利用即自然放弃，这不仅是对可利用粮食资源的极大浪费，而且对环境也会造成一定程度的污染。据有关统计，我国每年随废液排走的玉米蛋白高达 8 万 t 以上，其余主要用作蛋白饲料，也就是说玉米蛋白的利用率极低。但是随着人类对蛋白资源的重视和对生物活性肽的科学研究的不断深入，掌握了酶解天然蛋白资源制备生物活性肽的基本理论和技术方法，对玉米蛋白可实现有限的酶解过程，能生产出高营养且易于吸收的具生物学功能特性的生物活性肽。

从酶解玉米蛋白制备生物活性肽的研究显示，可释放出具生物活性的肽主要有：玉米降压肽、高 F 值低聚肽（在氨基酸混合物中，支链氨基酸与芳香族氨基酸的摩尔比称为 Fischer 值，简称 F 值）、谷氨酰胺活性肽、抗氧化肽等。

（5）酪蛋白磷酸肽。

酪蛋白磷酸肽是以牛奶酪蛋白为原料，经过单一或复合蛋白酶的水解，再对水解产物分离纯化后得到的含有磷酸丝氨酸簇的生理活性肽。它是多种长度不同的短肽混合物，主要分布于 αs1-、αs-和 β-酪蛋白等牛乳蛋白的不同区域。利用反向高效液相制备色谱可分离出 4 种不同组分的 CPP。CPP 的核心部位由 3 个磷酸丝氨酸残基组成一个-Ser(P)-残基簇，后面紧接着-Glu-残基组成的，CPP 具有很强的促钙以及其他矿物元素吸收的活性。这是由于 CPP 的核心部位可以与钙、铁等二价和某些三价矿物离子结合，同时也可以阻止 CPP 的进一步水解。CPP 还具有抗龋齿，促进牙齿、骨骼中钙的沉积和钙化的作用，此外还能够增强机体免疫力。

（6）其他生物活性肽。

谷胱甘肽（GSH）是一个含有巯基的 3 肽，是一种非常特殊的氨基酸衍生物，是体内主要的自由基清除剂，能抵抗氧化剂对巯基的破坏作用，保护细胞膜中含巯基的蛋白质和酶类不被氧化。当体内细胞生成少量 H_2O_2 时，GSH 在谷胱甘肽过氧化物酶的作用下，将 H_2O_2 还原成 H_2O，其自身被氧化生成氧化型谷胱甘肽（GSSG）。GSSG 再在谷胱甘肽还原酶的作用下，从 NADPH 接受氢重新被还原为 GSH。另外 GSH 还可以和有机过氧化物起作用，这些过氧化物是有氧代谢的有害中间产物，谷胱甘肽在这种解毒过程中起关键作用。除此之外，谷胱甘肽也参与氨基酸的转运，具有抗过敏、防治皮肤色素沉着、改善性功能、防治眼角膜疾病等作用。

加压素类活性肽是由 9 个氨基酸构成的一组活性肽，可应用于尿崩症、出血性休克等的治疗；催产素是由 9 个氨基酸组成的短肽，可应用于引产、强化抗感染药物的体内外抗菌效果等；增血压素 I 类含有 8 个氨基酸，可用于特异性升高血压和休克抢救等。此外还有肌丙抗增压素、抑胃酶素、四肽胃泌素、促甲状腺释放激素、促吞噬素等均具有不同的生理活性。

本节将按照不同的保健功能对生物活性肽在保健功能食品中的应用状况进行概述。

一、活性肽在抗氧化类食品中的应用

（一）抗氧化保健食品概况

延缓衰老功能是卫生部 1996 年 7 月发布的《保健食品功能学评价程序和检验方法》规定的第一批 12 种保健功能之一。2003 年国家食品药品监督管理局将原有的 22 种保健食品的功能调整为 27 种，其中延缓衰老功能调整为抗氧化功能。抗氧化保健食品是在老年日常功能性食品基础上，添加具有抗氧化功能的活性物质。目前已证实的抗氧化活性物质包括自由基清除剂和免疫刺激剂等，自由基清除剂包括抗氧化剂和抗氧化酶两类。目前卫生部已批准的抗氧化保健食品中的活性成分主要有：金属硫蛋白、人参、超氧化物歧化酶、灵芝、珍珠、枸杞、蜂王浆、冬虫夏草、龟、鳖、羊胎素、蚂蚁、银杏叶、海狗油、壳聚糖、鹿茸、黑木耳、夜苓、肉苁蓉、山药、桑葚、银耳、蚕蛹、黄芪、葡萄籽提取物、维生素 E、大豆磷脂、γ-亚麻酸、黑芝麻及异构化乳糖等。

（二）抗氧化保健食品检测方法

抗氧化作用动物试验包括以下项目：体重；过氧化脂质含量（丙二醛和/或脂褐质）；抗氧化酶活力（超氧化物歧化酶和/或谷胱甘肽过氧化物酶）。可选用老龄动物或氧化损伤模型动物进行试验。

常用试验方法包括生存试验和生化试验。生存试验是利用生物的整个生存过程来观察营养、受试物、环境等外界因素对其寿命的影响，可选用小鼠/大鼠生存试验、果蝇生存试验。此外大量研究表明过氧化损伤是衰老的基本原因之一，因此检测过氧化脂质含量、抗氧化酶活力成为延缓衰老功能试验中不可缺少的指标，一般可选择老龄动物或过氧化损伤模型（*D*-半乳糖模型、辐照模型、溴代苯模型）动物进行抗氧化能力试验。检测指标包括过氧化脂质（LPO）含量测定（MDA、脂褐素）、抗氧化酶含量及活力测定（SOD、GSH-Px）。

（三）抗氧化肽的研究概况

近年来，由于化学抗氧化添加剂的潜在毒性，高效、低毒的天然食品抗氧化剂成为目前一大研究热点。同时由于自由基生命科学的发展，具有抗氧化作用的功能食品和药物也引起了众多学者的关注。大量研究发现，肌肽、谷胱甘肽以及大豆肽等生物活性肽具有明显抗氧化作用，并逐渐显示出它们在医药、功能食品以及饲料等领域应用的优势。

1. 肌肽

肌肽是典型的抗氧化活性小肽。肌肽是一种以毫摩尔浓度（1～20 mmol/L）天然存在于多种陆生脊椎动物骨髓肌中的水溶性二肽，由 *β*-丙氨酸和 *L*-组氨酸通过肌肽合成酶合成，可在许多体系中起抗氧化作用，其抗氧化作用主要表现为对活性氧的清除、抗脂质过氧化等方面的活性。

1）肌肽对活性氧的清除作用

有研究以硫酸钡做刺激物，建立稳定的全血多形核白细胞鲁米诺依赖的化学发光体系，研究肌肽对氧自由基的清除作用。当该体系中加入不同浓度的肌肽后，可见明显的对化学发光的抑制作用。如设标准对照的发光值为 100%，则肌肽在 2.5、5、10 和 15 mmol/L 不同浓度下的抑制发光作用分别为 47.2%、71.4%、85.4% 和 97.0%。肌肽具有捕捉羟基自由基的能力，用铁催化产生羟基自由基，使脱氧核糖降解的方法建立体系，加入肌肽可以有效抑制脱氧核糖的降解。离体研究显示，在生育酚存在条件下，某些天然肌肽可清除各种活性氧自由基。

2）肌肽的抗脂质过氧化作用

肌肽可以抑制铁或铜催化的脂肪氧化反应，其中肌肽对铜催化的脂肪氧化反应产生的抑制作用最强，通过 $1_{H\ NMR}$ 检测发现肌肽可与铜形成非活性的复合物，抑制铜催化脂肪氧化的活性。肌肽在脂质体和牛肉中的抗氧化作用研究发现肌肽在磷脂酰胆碱脂质体中抑制 TBARS（丙二醛和硫代巴比妥酸的反应产物）形成的效果与体系中存在的金属离子有关（表 3-1）。使用 1～10 mmol/L 肌肽，对 Cu^{2+}、Fe^{2+} 或 Fe^{3+} 催化的脂肪氧化抑制率分别为 89.1%～95.0%、73.5%～91.9% 和 14.1%～64.1%。而在均质碎牛肉中添加 1～20 mmol/L 肌肽则可有效抑制 TBARS 的形成，肌肽的浓度在 20 mmol/L 时，TBARS 形成的抑制率为 76.2%。

表 3-1　肌肽对磷脂酰胆碱脂质体脂肪过氧化的抑制效果

肌肽 (mmol/L)	TBARS(mmol/ml 脂质体)		
	Cu^{2+}	Fe^{2+}	Fe^{3+}
0	4.41 ±0.14	23.30 ±0.14	0.92 ±0.09
1	0.48 ±0.01	6.18 ±0.05	0.79 ±0.09
5	0.44 ±0.02	4.44 ±0.11	0.72 ±0.10
10	0.31 ±0.03	4.00 ±0.22	0.57 ±0.05
15	0.28 ±0.04	3.36 ±0.01	0.48 ±0.05
20	0.22 ±0.02	1.88 ±0.06	0.33 ±0.06

采用正交试验法研究肌肽对卵磷脂脂质体的抗氧化作用的结果表明，在抗坏血酸存在的条件下，各种浓度的肌肽均能抑制铁离子引发的脂质体类的氧化，肌肽抑制脂质体氧化的最佳组合条件为：温度 4 ℃、pH6.80，肌肽浓度为 5 mmol/L。另外有研究发现，肌肽能有效抑制冷冻碎猪肉在冻藏长达 6 个月期间的 TBARS 形成量，且比脂溶性抗氧化剂如二丁基羟基甲苯（BHT）和 α-生育酚的作用更强。肌肉脂类氧化包括膜脂不饱和脂肪酸的过氧化作用。肌肉细胞膜磷脂易发生脂质过氧化作用，铁结合于带负电荷的磷脂上可以促进氧化，产生脂肪酸败所特有的气味。牛肉中无论血红素铁或非血红素铁都可催化脂类过氧化作用。研究显示，在猪饲料中添加肌肽能增强骨髓肌肉的氧化稳定性，但肌肽的生产成本较高，限制了其在猪饲料中的应用，而动物机体能利用 β-丙氨酸和 L-组氨酸来合成肌肽，因此饲料中这两种氨基酸含量较高时也可能增强肌肉的氧化稳定性。另有研究发现，肌肽可在体外抑制被铁、血红蛋白、脂质过氧化酶和单态氧催化的脂质过氧化作用，同时肌肽对亚油酸及骨髓肌肌质网膜的非酶脂质过氧化具有抑制作用。肌肽在肉制品中的抗氧化活性已经确定，它在肌肉中既起缓冲剂作用，又起抗氧化作用，其抗氧化机制可能是它可作为螯合剂螯合金属离子，清除自由基，并可作为供氢体而起抗氧化作用。肌肽是水溶性的，因此可以抑制脂肪催化氧化，清除肌肉水相中的自由基。

3）肌肽其他的抗氧化作用

肌肽对脑缺血再灌注有明显的神经保护作用，使用肌肽的治疗组氧自由基和脂质过氧化物的生成量均明显低于生理对照组，而假手术组和使用肌肽的治疗组的海马 CAI 区锥体细胞数明显高于生理盐水对照组。研究显示肌肽对比 H_2O_2 和 β-淀粉样蛋白片段诱发的 PC12 细胞损伤有显著的抗氧化保护作用，可能是由于肌肽与自由基直接结合，阻止脂质过氧化、蛋白质糖基化和交联，还原过氧化的细胞膜而保护膜结构的稳定和酶的正常功能，保持细胞的稳态。用过氧化氢和谷氨酸钠作用于 PC12 细胞来造成氧化应激损伤的细胞模型，加入肌肽可抑制乳酸脱氢酶活性而增加 MIT 水平，使细胞生长状态明显改善，这表明肌肽对 PC12 细胞的氧化应激损伤有明显保护作用。

2. 谷胱甘肽

谷胱甘肽是由谷氨酸、半胱氨酸及甘氨酸组成的三肽，有氧化型(GSSG)和还原型(GSH)两种形式。GSH分子中半胱氨酸上的巯基，是其发挥生物学功能所必需的。GSH以高浓度(0.1～10 mmol/L)广泛分布于哺乳动物、植物和微生物细胞内，是含量最丰富的、最主要的含巯基的小分子肽。肝脏GSH含量最高，大鼠肝细胞内GSH浓度可达10 mmol/L。而GSH在细胞器中的分布是不均匀的，真核细胞有3个GSH库，约90%的GSH分布于细胞质，另有约10%分布于线粒体，其他极少部分分布在内质网。

谷胱甘肽具有较强的抗氧化作用，可表现在多个方面。许多学者认为脂质过氧化的发生是由于体内GSH含量下降所引起的。试验证实，预先用苯巴比妥钠、酰胺酚或噻吩消耗动物组织细胞内的GSH后，脂质过氧化作用显著增加，造成肝脏损伤。人体服用过量酰胺酚可引起GSH严重消耗，脂质过氧化产物增加，从而造成肝脏损伤。GSH发挥其抑制脂质过氧化作用有赖于谷胱甘肽过氧化物酶还原酶(GSH-Px-Rx)系统。GSH保护细胞膜的功能，主要是通过GSH-Px来保护细胞膜中多不饱和脂肪酸，防止脂质过氧化来实现的。由于线粒体中缺乏过氧化氢酶，因此GSH和GSH-Px对于清除内源性H_2O_2、氢过氧化物和防止线粒体脂质过氧化起重要作用。当线粒体中GSH含量低于3 mmol/L时，H_2O_2含量显著升高。GSH通过与GSH-Px-Rx酶系共同抑制脂质过氧化的启动或终止脂质过氧化的发展，而阻断新自由基产生，是对自由基的间接清除作用，GSH对自由基亦有直接清除作用。GSH可在GSH-Px的作用下从H_2O_2处接受电子，发生自身氧化，从而阻断·OH生成。GSH也是·OH的清除剂，GSH还可将一些脂类自由基、脂过氧自由基直接还原，阻断脂质过氧化的链式反应，其作用与抗坏血酸类似。GSH水平及其相关酶活性目前被作为机体抗氧化状态的标志。许多临床研究发现，GSH对许多疾病的治疗作用是通过其清除自由基和抵抗脂质过氧化来实现的。

3. 大豆肽

近年来研究发现大豆蛋白酶解物在体外具有抗氧化活性。研究发现大豆蛋白酶解物具有抗亚油酸脂质过氧化作用，并且从中分离得到了6种抗氧化活性肽，其中分子量最小的是一个5肽(Leu-Leu-Pro-His-His)。在反应体系中添加40 mg/ml大豆肽，邻苯三酣自氧化速率被抑制27%，说明大豆酶解物具有清除超氧阴离子作用，可减少人体红细胞氧化溶血程度以及抑制脂质氧化导致的脂质体膜的破坏，抗氧化肽的分子量分布在100～1 300。大豆分离蛋白酶解物具有清除自由基的能力，以分子量5 154～11 355的肽段清除能力最强。其清除能力主要与暴露的氨基酸侧链基团和肽序列有关。但目前尚无关于大豆蛋白肽在动物体内的抗氧化作用的报道。

4. 其他抗氧化肽

1)丙谷二肽

丙谷二肽(Ala-Gln),即 *L*-丙氨酰-*L*-谷氨酰胺二肽。丙谷二肽是一种合成的二肽化合物,水溶液极为稳定,能耐高温,进入体内可迅速水解释放出谷氨酰胺(Gln),而 Gln 被认为是目前所知的对机体最重要的氨基酸之一,在体内具有很重要的生理功能,同时也是谷胱甘肽合成前体物。有研究显示丙谷二肽可明显升高烧伤大鼠血中的谷胱甘肽水平和 SOD 活性,降低血清黄嘌呤氧化酶活性,能够增强烧伤大鼠的抗氧化功能并降低死亡率。此外,丙谷二肽还有促进肌肉蛋白合成、改善危重病人的临床与生化指标、维持肠道功能、保持机体氮平衡、增强免疫功能等作用,而且对机体无任何毒副作用,有重要的临床应用价值。目前在欧美等发达国家作为肠外营养制剂广泛使用。

2)灵芝肽

灵芝(ganoderma lucidum)是中华医药宝库中的瑰宝,具有极高的药用价值。国内外关于灵芝活性成分的化学、药理学研究,以多糖、三萜类化合物最为深入。关于灵芝中蛋白质类化合物的研究主要有 Kinok 等从灵芝菌丝体中分离得到一种免疫球蛋白 LZ-8,并对其结构和活性进行了研究;何云庆等从灵芝子实体中分离出两种肽多糖,肽含量分别占 26. 3% 和 12. 3% ,分子量分别为 12. 8 k 和 14. 1 k;游育红等报道了一种分子量为 51 k 的具有抗氧化、保肝活性的多糖肽,主要为多糖,肽仅占多糖的 4. 37% ;上述化合物均为大分子化合物。关于灵芝中小分子(分子量 6 000 以下)生物活性肽的研究较少。湖南医药工业研究所曾从灵芝中分离出四种具有耐缺氧活性的小肽;董颖等从灵芝中分离出五种肽,其中四种可抑制红细胞膜中丙二醛的生成。Lin 等发现灵芝热水提取物具有清除自由基、抗脂质过氧化活性,但未指出活性因子是何种化合物。一般认为灵芝多糖及多糖肽是抗氧化因子。何慧等的研究显示:灵芝中水溶性小肽对四氧嘧啶诱导的糖尿病小鼠有显著的治疗作用;与大分子化合物多糖、蛋白质相比,水溶性灵芝小肽具有更好的抑制羟基自由基活性,在磷脂体系中同样具有抗氧化作用,因而能有效地保护生物膜。

在室温下以水浸提发酵灵芝粉,浸提液过超滤膜(截留分子质量 >10 000),除去蛋白质等大分子化合物,将膜透过部分(即小分子化合物部分)浓缩后,用活性炭脱色,上 Cu^{2+}-SephadexG-25 柱(ϕ1 cm × 45 cm),用硼砂缓冲液(pH11. 0,50 mmol/L)以 1. 2 ml/min 的流速洗脱,在 UV-254 nm 处检测,每 5 min 收集 1 管,得到 3 个峰,前 2 个峰为 Cu-肽螯合物峰,后 1 个峰为 Cu-氨基酸螯合物峰。收集合并 Cu 肽螯合物峰,再上螯合树脂柱脱去 Cu^{2+},经冷冻干燥后可得到水溶性灵芝肽即 GLP(ganoderma lucidum peptides),GLP 为多种水溶性肽的混合物,经氨基酸分析仪分析得知肽含量为 91. 5% 。对这种灵芝肽的研究显示,当水溶性灵芝肽的剂量为 0. 25 mg/ml 时,对大鼠红细胞自氧化溶血的抑制率达 62.33%，对溶血过程中 MDA 生成的抑制率达 91.24%；在有或无自由基诱导剂（Fe^{2+} 或 H_2O_2）时，0.35 mg/ml 的水溶性灵芝肽均能极显著地抑制小鼠肝匀浆中 MDA 的生成，且抑制率大致相当，为 60%左右；当水溶性灵芝肽剂量为1.00 mg/ml 时，对线粒体肿胀度的抑制率为 90.52%，对线粒体中在 MDA 生成的抑制率达 65.42%，且呈明显剂量—效应关系。因此提示这种水溶性灵芝肽在体外具有明显的抗氧化作用。

3）海洋生物活性肽

海洋胶原肽（marine collagen peptide，MCP）是以深海鱼的鱼皮为主要原料，采用生物酶法生产的小分子寡肽混合物（分子量 200～1 000）。研究显示其对 *D*-半乳糖亚急性衰老模型大鼠具有抗氧化保护作用，不同剂量的海洋胶原肽可以增强血中 SOD 活性，降低肌 IDA 含量，同时升高过氧化氢酶（CAT）活性（表 3-2），其抗氧化活性与维生素 E 大致相当。

表 3-2　海洋胶原肽对 *D*-半乳糖衰老模型大鼠血清 SOD、CAT 和 MDA 的影响

剂量	*n*	SOD（U/ml）	CAT（U/ml）	MDA（mmol/ml）
MCP0.225 g/kg	12	455.52 ±11.39	21.33 ±4.82	5.85 ±0.78
MCP0.450 g/kg	12	460.15 ±18.09	20.47 ±3.01	5.67 ±0.93
MCP1.35 g/kg	12	468.59 ±27.25	21.69 ±1.68	5.76 ±1.02
维生素 E200 mg/kg	12	474.99 ±24.87	17.92 ±3.60	5.52 ±1.14
D-半乳糖 125 mg/kg	12	395.56 ±15.25	17.14 ±2.81	7.63 ±1.37
生理盐水	12	476.55 ±15.22	21.47 ±4.47	5.14 ±1.11

从鲭鱼中分离得到的鲭鱼肽对低密度脂蛋白（LDL）氧化有抑制作用，鲭鱼肽能够显著延长氧化反应的诱导期（由对照组的 34.1 min 延长到试验组的 59 min）。对 16 名平均年龄为 19 岁的女性志愿者进行的体内抗氧化试验也证实食用含鲭鱼肽的食物（剂量按 16.9 g 蛋白/d，共 10 d，其他膳食的组成不变）可延长 LDL 氧化的诱导期（第 10 d 为 66.2 min），比 0 d 时静脉血试样 LDL 氧化的诱导期（57.9 min）明显延长。

鳕鱼酶解得到的多肽也具有抗氧化特性，其抗氧化活性与其相对分子质量有关，相对分子质量为 5 000 的多肽具有显著的抗氧化活性，其抗氧化活性与 α-生育酚相当。许多研究表明，大豆肽等抗氧化肽均含有组氨酸等疏水氨基酸，这类肽的抗氧化活性主要与组氨酸的咪唑环的络合能力和脂游离基捕捉能力有关。与此相反，鳕鱼酶解得到的活性肽主要是由 Asp、Glu、Gly、Ala 等亲水性氨基酸组成，因此，适于做亲水性天然抗氧化剂。另外黄鳝鱼皮胶原酶解得到的活性肽也具有较好的抗氧化活性，鲢鱼酶解物对自由基也具有一定的清除作用。

扇贝肽也是一种有潜力的抗氧化剂和免疫细胞调节剂。采用现代生物工程技术,从栉孔扇贝中提取的海洋多肽,相对分子质量为800 ~ 1 000,经药理试验表明,具有抗氧化损伤作用,能清除超氧阴离子和羟自由基,延缓皮肤老化,并可显著增强免疫细胞的代谢和增殖。

4)乳铁蛋白活性肽

乳铁蛋白(lactoferrin,LF)是一种天然的铁结合蛋白,乳铁蛋白活性多肽是从LF上被胃蛋白酶水解下来的25个氨基酸残基的多肽。乳铁蛋白存在于母乳及大多数哺乳动物的奶中(马、牛、山羊、猪、兔、小鼠等),也存在于唾液、精液、泪液、气管和鼻腔分泌物、膜液以及其他的身体分泌物中。乳来源不同,乳铁蛋白的含量差异较大。人初乳中的乳铁蛋白浓度最高6 ~ 8 mg/ml,常乳2 ~ 4 mg/ml;牛的初乳1 ~ 5 mg/ml,常乳0.02 ~ 0.35 mg/ml;狗、大鼠奶中则基本不含乳铁蛋白。

乳铁蛋白是Groves于1960年首先从牛乳中分离获得的,由于LF与铁结合形成红色的复合物,故始称为红蛋白。Blanc和Isliker(1961)将其从人乳中分离出来,正式命名为乳铁蛋白。乳铁蛋白是一种铁结合性糖蛋白,其分子量为80 000。1分子乳铁蛋白中含有2个铁结合部位,含有15 ~ 16分子甘露糖,5 ~ 6分子半乳糖,10 ~ 11分子乙酰葡萄糖胺和1分子唾液酸。牛和人的乳铁蛋白分别含有689和691个氨基酸,其中谷氨酸、天冬氨酸、亮氨酸和丙氨酸的含量较高,除含少量半胱氨酸外,几乎不含其他含硫氨基酸。牛乳LF和人乳LF两者的三维结构非常相似,约有70%的氨基酸序列相一致。

机体内氧自由基过剩,形成过氧化脂质,可损伤细胞和组织,是衰老或疾病的征兆。通常只要有痕量的铁或铜等催化剂存在,就会导致氧自由基的产生。较早以前,就有人报道在pH值为7.4的NaCl溶液中,饱和度为20%的乳铁蛋白和转铁蛋白抑制了牛脑磷脂脂质体的抗坏血酸铁盐催化的磷脂过氧化反应。在同样的体系中,不同铁饱和度的白蛋白都不能抑制该反应。因为乳铁蛋白能结合铁离子,进而阻断铁离子导致的脂质氧化和氧自由基的生成。牛乳铁蛋白能抑制抗坏血酸和色氨酸的氧化(Bihel等,1998)。于是,可认为LF的抗氧化机制主要是螯合了易引起氧化的铁离子。Huang等(1999)报道了乳铁蛋白在不同食品体系中抑制磷脂氧化情况。以玉米乳浊液和磷脂脂质体为研究对象,玉米乳浊液在磷酸和柠檬酸缓冲乳状液体系中,LF的抗氧化活性随其浓度增加而增加,而磷脂脂质体在此二者体系中结果却不一样。在柠檬酸缓冲的乳状液以及磷酸缓冲的脂质体体系中,1 μmol/L乳铁蛋白和0.5 μmol/L Fe^{2+}混合物的抗氧化活性要比单一1 μmol/L乳铁蛋白强得多。总之,乳铁蛋白的抗氧化活性主要依靠于磷脂体系、缓冲条件、浓度、金属离子的存在以及氧化时间。

(四)抗氧化肽在保健食品中的应用前景

快节奏、高强度的生活环境使越来越多的现代人步入亚健康,医疗模式将由治疗型转向预防保健型,保健食品最终将成为人们生活的必需品。在国内,已开发的27种保健食品功能中抗氧化功能保健食品一直都被生产企业和大众所看好。随着人类步入老龄化社会,抗氧化保健食品在保健产业中所占的比重将不断增大。出于对食品安全性的考虑,化学抗氧化添加剂,如BHA、BHT、TBHQ的应用受到限制,一些天然抗氧化剂(如生育酚、草本植物提取物)由于成本较高且对食品风味和颜色有影响,其应用也受到限制。因此,高效、低毒的天然食品抗氧化剂的开发成为研究热点。肌肽是肌肉组织中的一种天然成分,不仅可以有效抑制脂肪氧化,而且在肉制品贮藏时有护色作用。虽然肌肽的价格较高,但如果利用肌肽的水溶性以弥补其他抗氧化剂的脂溶性而进行复配使用,无疑可以扩大肌肽在食品中的应用范围,并降低成本。因此,肌肽作为一种天然食品抗氧化剂是很有前景的。同时,随着肌肽在生物体的抗氧化作用及作用机制研究的不断深入,肌肽在医学、饲料和保健领域的应用会越来越广泛。

近年来,研究发现自由基与许多疾病如心血管病、白内障、癌症及氧化应激的其他机能障碍密切相关,天然抗氧化物也被广泛用于医药和功能食品。谷胱甘肽具有解毒、抑制衰老、预防糖尿病和癌症、解除疲劳等作用,在医药领域中的广泛应用早已被公认,在食品领域中虽刚刚起步,但以其独有的功能正日益受到人们的青睐。欧美、日本等发达国家,将谷胱甘肽作为生物活性强化剂,开发的谷胱甘肽功能食品非常盛行。目前,谷胱甘肽在食品工业中可作为营养调节剂,用于增强肉类风味提高人们对肉的喜好性;可作为稳定剂,将谷胱甘肽添加到酸奶和婴儿食品中,起到相当于维生素C的作用,可以起稳定营养成分作用。在水果罐头中防止色素沉着,从而起到防止水果褐变的作用。谷胱甘肽是功能活性因子,在人的小肠中吸收完全,上皮细胞能利用外来谷胱甘肽来解毒,可以缓解人体细胞受损伤程度。因此,可以用谷胱甘肽开发具有解毒、抗氧化性等不同类型的功能食品和保健食品,如:饮料、乳制品、肉类制品、谷类制品以及口服液等保健品。随着科学技术的发展,谷胱甘肽在食品中的应用会更加广泛,受人们欢迎的产品会越来越多。由于氧化应激严重影响动物的生长,因此在动物的饲料中添加低毒、高效的天然抗氧化物可以促进动物生长,进而提高动物的生产性能,对于动物源性的保健食品原料的生产具有重要的意义。大豆粕来源广泛,价格低廉,蛋白质含量丰富,通过严格控制酶解条件获得抗氧化活性肽即大豆蛋白酶解物,作为饲料添加剂应用于动物生产来维持动物的健康或者是替代化学抗氧化剂作为动物饲料的防腐剂具有很大的发展潜力,有关这方面的研究还有待于进一步深入。

二、活性肽在增强免疫力类食品中的应用

（一）增强免疫力保健食品概况

免疫调节功能是卫生部1996年7月发布的《保健食品功能学评价程序和检验方法》规定的第一批12种保健功能之一。2003年国家食品药品监督管理局将原有的22种保健食品的功能调整为27种，其中免疫调节功能调整为增强免疫力功能。增强免疫力保健食品是在日常功能性食品基础上，添加具有增强免疫力功能的活性物质，或以天然免疫调节物质本身辅以适当的载体而制成的。目前已证实的免疫调节活性物质包括：①蛋白和活性肽类；②低聚糖和多糖类；③皂苷类；④脂肪酸类；⑤维生素和微量元素类；⑥细菌及其裂解产物类；⑦果胶类；⑧多酚类；⑨合成化学物类等。截至2004年6月底，经我国卫生部和药监局批准的具有免疫调节功能的保健食品共有1 811个。其中国产保健食品1 720个，进口保健食品91个。其中最常用的原料物质，占已批准的保健食品30% ~40%左右的有：西洋参、人参、刺五加、枸杞子、黄芪、冬虫夏草、银杏叶、核桃仁、大枣、蜂王浆、当归、灵芝、桑葚、花粉、蜂胶以及藻类等。

（二）增强免疫力保健食品检测方法

增强免疫力保健食品的检测包括动物试验和人体试食试验两部分。

动物试验的检测项目包括ConA诱导的小鼠脾淋巴细胞转化试验，可选用MTT法或同位素掺入法进行检测；迟发型变态反应（DTH）试验，可选用二硝基氟苯诱导小鼠DTH（耳肿胀法）或绵羊红细胞（SRBC）诱导小鼠DTH（足跖增厚法）进行检测；抗体生成细胞检测，采用Jerne改良玻片法；血清溶血素的测定，可选用血凝法或半数溶血值（HC_{50}）法进行检测；小鼠碳廓清试验；小鼠腹腔巨噬细胞吞噬鸡红细胞试验（半体内法）；NK细胞活性测定，可选用乳酸脱氢酶（LDH）法或同位素3_{H}-TdR法进行检测。

人体试食试验一般检测人外周血淋巴细胞转化试验（MTT法），免疫球蛋白IgG、IgA、IgM测定（单向免疫扩散法），吞噬与杀菌试验（白色念珠菌法），以及NK细胞活性测定四个项目。

（三）免疫调节肽的研究概况

免疫调节肽是指对人体免疫系统具有调节作用的一类生物活性肽。免疫调节肽属免疫调节剂类，按来源可分为天然免疫调节肽和化学合成免疫调节肽以及生物工程合成免疫调节肽等。其中天然免疫调节肽在医药领域的应用中占有重要地位，据

统计世界范围内销售的药物中约30%来自天然产物。化学合成和生物工程合成的免疫调节肽大多数也源于天然产物，是利用药物设计工具确证天然成分的结构与活性的关系后对其进行模拟和修饰而获得的。天然免疫调节肽可分为微生物来源、植物来源及动物来源三大类。以下按照不同来源对天然免疫调节肽进行简要介绍。

1. 微生物来源的免疫调节肽

1）胞壁酰二肽（muramyl dipeptide，MDP）

MDP是分枝杆菌（*mycobacteria*）细胞壁中具有免疫佐剂活性的最小结构单位，分子量500，氨基酸顺序为N—乙酰胞壁酰-*L*-丙氨酸-*D*-异谷氨酰胺—COOH。MDP可以替代福氏完全佐剂中的整体分枝杆菌，促进机体对外源抗原的特异性免疫反应，还可以作为免疫调节剂在一定程度上增强机体对感染和肿瘤的非特异抵抗力。MDP类以前主要作为疫苗佐剂使用，现在作为免疫调节剂广泛应用。

MDP的免疫调节作用与T淋巴细胞密切相关，而对B淋巴细胞无直接作用；MDP通过激活单核巨噬细胞的细胞毒性和释放大量过氧离子发挥非特异性抗肿瘤和杀灭病原体的作用；MDP的佐剂活性、非特异性抗感染和抗肿瘤作用与单核巨噬细胞的MDP受体有关。临床研究发现MDP可以激活人肺巨噬细胞、血单核细胞、库普弗细胞（kupffer's cell），促进它们分泌白细胞介素-1（IL-1）、IL-2、IL-6、集落刺激因子（CSF）、肿瘤坏死因子（TNF）等细胞因子，从而发挥免疫调节作用。MDP对纤维肉瘤、肝细胞瘤、肺细胞瘤、黑色素瘤、结肠腺癌、骨肉瘤、淋巴瘤均有非特异性抑制作用，可与大肠杆菌脂多糖（LPS）、肉毒素或化疗药物等协同抑制肿瘤。它能增强正常和免疫缺陷动物对多种病原体如肺炎杆菌、大肠杆菌、绿脓杆菌、白色念珠菌、人类免疫缺陷病毒（HIV）、痘病毒、仙台病毒、单纯疱疹病毒、流感病毒等感染的非特异抵抗力。

2）羟苯丁酰亮氨酸（bestatin，BTT）

羟苯丁酰亮氨酸是一种从橄榄色链霉菌属中获得的低分子二肽。BTT可提高NK细胞的活性，通过激发细胞免疫和促进抗体产生而实现免疫调节作用。

3）环孢素A（cyclosporinA，CsA）

环孢素A（CsA）为一种真菌的多肽产物，是1971年瑞士Sandoz公司从真菌酵解产物中分离得到的一种由11种氨基酸构成的天然的亲脂性环状多肽，是一种活性很强的选择性免疫抑制剂。CsA主要通过干扰T淋巴细胞的信息传递通道而抑制其功能，并对肥大细胞、嗜碱性粒细胞、嗜酸性粒细胞、单核巨噬细胞及中性粒细胞等免疫效应细胞具有较强的抑制作用。CsA产生免疫抑制作用的主要机制是CsA通过特异性识别胞浆中的嗜环蛋白A（cyclophilin，CyP-A），并与其结合形成复合物。CsA-CyP复合体可以和上述信号转导途径中的Calcineurin的催化亚单位结合，使其不能脱去底物NF-ATP分子上的磷酸根，造成NFAT的激活和转移失败，影响IL-2、IL-3、GM-

CSF、TGF-Q 等多种基因的转录，阻止 T 细胞活化扩增及其免疫应答的产生。

CsA 的主要靶细胞是 T 细胞，尤其是 Th 细胞。抑制作用发生在 T 细胞受刺激后的 0 ~ 4 h，阻止 T 细胞从 G0 期进入 G1 期，并呈剂量依赖关系，而对激活后期（40 h 后）的 T 细胞无抑制作用。CsA 能够抑制分裂原激活的 T 细胞分泌 IL-2、IL-3、IL-4、IL-10、干扰素（IFN）、集落刺激因子（CSF）等细胞因子。CsA 与传统免疫抑制剂相比具有选择性强、毒副作用相对较小、感染概率低等优点，目前广泛地用于肾、肝、心、胰及骨髓等器官和组织移植时的抗排斥反应和移植物抗宿主病（graft-versus-host disease，GVHD）的治疗，可提高移植物的成活率，并降低排斥反应和感染机会。近年来，CsA 也用于各种自身免疫性疾病、难治性皮肤病、血液病及眼科疾病的治疗。

4）其他微生物来源的免疫调节肽

其他有从链霉菌培养液中提取的氨肽霉抑制剂（amastatin）和从大肠杆菌（*E. coli*）培养液中提取的三棕榈酰五肽（tripalmitoyl pentapeptide）等具有提高免疫功能的免疫增强肽，以及从马霉菌培养液菌中提取的新月环 6 肽（cyclomunine）和从鬼笔鹅膏菌中提取的毒蕈草环肽 A（mushroom cycloamanide A）等免疫抑制剂。

2. 植物来源的免疫调节肽

大多植物来源的天然免疫调节剂具有双向免疫调节作用，植物来源的免疫调节剂研究较多的是多糖，活性肽的研究则集中在几种花粉肽和大豆肽上。

从罂粟（*papaver somniferum*）花粉中分离到分别含有 21、17、13、16 个氨基酸残基的四种肽，可以提高猪胸腺细胞 E – 玫瑰花环成环率，促进人外周血 T 细胞转化。从中国黑麦（*secalecereale*）花粉中提取出的含有 12 个氨基酸残基的生物活性肽可以激活小鼠脾淋巴细胞转化，促进白血病 HL-60 细胞株增殖，增加人外周血淋巴细胞 IL-2 表达。从油菜花粉中提取出的含有 12 个氨基酸残基的生物活性肽可以提高猪胸腺细胞 E-玫瑰花环成环率，促进 TNF 抑制肿瘤细胞 L929 增殖，但抑制 PHA 刺激的人外周血淋巴细胞增殖。

大豆肽与大豆蛋白相比能显著增强大鼠肺泡巨噬细胞吞噬绵羊红细胞的功能，而且大豆肽的作用优于酪蛋白肽。大豆蛋白酶解物能显著促进大鼠腹腔巨噬细胞吞噬能力、刺激外周血淋巴细胞转化、提高肠腔 slgA 水平，而且大豆蛋白酶解物的作用优于面筋蛋白酶解物。大豆蛋白和酪蛋白酶解物均能不同程度地刺激经 PHA 诱导的 10 日龄仔猪外周血淋巴细胞的转化，且大豆蛋白酶解物的促淋巴细胞转化作用最强。从大豆蛋白水解物中分离并纯化得到的一种抗癌活性肽（9 肽），其分子量 1 157。从膜蛋白酶水解大豆蛋白的酶解物中可获得一种 6 肽，其一级结构为 His-Cys-Gln-Arg-Pro-Arg（HCQRPR），这种肽能刺激巨噬细胞和多核白细胞的吞噬作用，具有免疫调节功能。进一步酶解 HCQRPR，又获得了具有同样免疫调节作用的、一级结构为 Gln-Arg-Pro-Arg（QRPR）的 4 肽。与酪蛋白相比大豆肽能显著增强肌肉损伤 Wistar 大鼠的免疫功能。从大豆蛋白的胃蛋白酶酶解产物中分离出的免疫刺激肽还有氨基酸序列为 Ala-Glu-Ile-Asn-Met-Pro-Asp-Tyr 的一种 8 肽和氨基酸序列分别为 Ile-Gln-Gln-Gly-Asn 和 Ser-Gly-Phe-Ala-Pro 的两种 5 肽。

从大米膜蛋白酶水解物中可获得一种有免疫调节活性的，具有促进平滑肌收缩的肽被称为 oryzatensin（Gly-Tyr-Pro-Met-Tyr-Pro-Leu-Pro-Arg）。少几个氨基酸的 oryzatensin 的 C 末端片段也有类似的活性。在体外，人血白细胞的吞噬活性也被 oryzatensin 所诱导，并且能刺激白细胞仲超氧阴离子的产生。

其他还有从枸杞子中分离、纯化获得多种糖肽类化合物，不同的枸杞糖肽，其免疫活性有的表现为促进细胞免疫功能，有的表现为促进体液免疫功能，但起主要作用的可能是其中的多糖部分。

3. 动物来源的免疫调节肽

1）乳蛋白免疫调节肽

牛乳中含有大量的蛋白质，其含量占牛乳的 3.3% ~3.5%，其中 80% 是酪蛋白。酪蛋白是一类含磷蛋白质，其丝氨酸羟基与磷酸根之间形成一个酯键，有 αs-、β-、κ-、γ-四种构型。酪蛋白中含有人体必需的 8 种氨基酸，是一种全价蛋白质，能够为生物体生长发育提供必需的氨基酸，是新生儿最具营养价值的蛋白质来源。母乳喂养能增强婴儿的免疫力，这种作用是通过多种因素实现的，酪蛋白是其中一个重要的因素。通过酶解人乳和牛乳的酪蛋白，具有免疫调节功能的肽就会被释放出来。Jolles 等于 1981 年首次报道了膜蛋白酶水解的人乳具有免疫调节功能，特别是位于人乳 β-酪蛋白 f54 –59 的 6 肽 Val-Glu-Pro-Ile-Pro-Tyr。此后还有一些具有相同功能的活性肽被分离获得，比如来源于牛乳的 β-酪蛋白的 f63-68 和 f191-193，αs1-酪蛋白的 f194-199 等（表 3-3）。

表 3-3　来源于乳蛋白的免疫调节肽

<table>
<tr><th>肽类</th><th>来源（牛乳）</th><th>序列</th><th>英文名称</th><th>功能</th></tr>
<tr><td rowspan="12">免疫调节肽</td><td>β-酪蛋白（169 ~174）</td><td>Ala-Val-Pro-Tyr-Pro-Gln-Arg</td><td>CasoxinC</td><td rowspan="2">调节</td></tr>
<tr><td>κ-酪蛋白（63 ~65）</td><td>Lys-Val-Leu-Pro-Val-Pro-Gln</td><td></td></tr>
<tr><td>α-乳清蛋白（50 ~53）</td><td>Thr-Gly-Leu-Phe</td><td>α-lactorphin</td><td rowspan="10">刺激吞噬细胞活性，预防许多细菌，特别是肠道菌的感染</td></tr>
<tr><td>β-乳球蛋白（142 ~148）</td><td>Ala-Leu-Pro-Met-His-Ile-Arg</td><td>β-lactorphin</td></tr>
<tr><td>αs1 – 酪蛋白（194 ~199）</td><td>Thr-Thr-Met-Pro-Leu-Trp</td><td>αs1-casokinin-6</td></tr>
<tr><td>β-酪蛋白（63 ~68）</td><td>Pro-Gly-Pro-Ile-Pro-Asn</td><td></td></tr>
<tr><td>β-酪蛋白（191 ~193）</td><td>Leu-Leu-Tyr</td><td></td></tr>
<tr><td>β-酪蛋白（193 ~202）</td><td>Tyr-Gln-Gln-Pro-
Val-Leu-Gly-Pro-Val-Arg</td><td>β-casokinin-10</td></tr>
<tr><td>κ-酪蛋白</td><td>Tyr-Gly-Gly</td><td></td></tr>
<tr><td>α-乳清蛋白（51 ~53）</td><td>Gly-Leu-Phe</td><td></td></tr>
<tr><td>β-乳球蛋白（63 ~68，
191 ~193，193 ~209）</td><td></td><td></td></tr>
</table>

乳铁蛋白活性肽是从 LF 上被胃蛋白酶水解下来的 25 个氨基酸残基的多肽。中性粒细胞、巨噬细胞和淋巴细胞表面都有乳铁蛋白受体,而血清中的乳铁蛋白主要是由中性粒细胞释放出来的。中性粒细胞是含乳铁蛋白最多的细胞,在机体受感染时可以将乳铁蛋白释放出来,释放出的乳铁蛋白夺取致病菌的铁离子致使后者死亡。用牛乳 LF 治疗猫的口腔炎,发现中性粒白细胞的活性被明显激活。连续 4 周给老鼠进食 LF 能刺激其肠道和脾脏分泌 lgA 和 lgG。体外模拟试验和用啮齿类动物、小猪等所做的试验均证实,LF 具有调节免疫的功能,能促进抗体生成、T 细胞成熟、淋巴细胞增殖、活化自然杀伤细胞(natural killer cell,NK)、抑制 IL-1、IL-2 以及肿瘤坏死因子(tumour necrosis factor,TNF)的释放等。

上述现象的机制尚不十分清楚。但也有了一些研究,如 NK 细胞活性的增强已知是由于乳铁蛋白和 NK 细胞的靶分子之间存在结构同源性,还有乳铁蛋白同细菌脂多糖(lipopolysaccharide,LPS)结合后引起 LPS 介导的 TNF-α 产生减少可能是先前报道的乳铁蛋白可防止小鼠试验性大肠杆菌败血症的发生的原因。Broek 等(1995)报道乳铁蛋白可通过调节铁离子摄取量而影响 T 细胞增殖,当铁离子处于低水平时 T 细胞增殖受抑制,反之则 T 细胞增殖受到刺激。有人提出乳铁蛋白在炎症部位可通过与组织损伤产生的具有潜在毒性的铁离子结合而对 T 细胞功能起到保护作用。还有学者认为乳铁蛋白与单核细胞和巨噬细胞的结合可能也能起到类似的保护单核和巨噬细胞的作用。

乳铁蛋白在炎症反应、感染以及免疫中的作用究竟如何?至今尚缺乏明确的答案,就目前来说已有可能对中性粒细胞脱颗粒产生的乳铁蛋白对炎症免疫反应一系列作用做出一定的设想。由于乳铁蛋白可与细胞表面酸性分子结合,它能与淋巴细胞、巨噬细胞等细胞结合从而防止它们受到由于组织损伤而释放的自由基的损伤。当乳铁蛋白与铁离子结合后,对蛋白酶的降解作用更具抵抗力,同时使病原微生物可利用的铁离子大为减少。此外这种更为稳定的铁离子乳铁蛋白复合物可随后对抗感染有关的基因进行转录环节的调节,或通过其他机制发挥抗感染作用。

2)胎盘免疫调节因子(placenta immune-regulating factor,PIF)

胎盘在中药中被称为紫河车,在我国入药已有上千年历史,《本草纲目》记载其具有益气养血、补肾益精之功效。现代医学研究表明胎盘中含有多种活性物质,包括各种类固醇激素、蛋白质和肽类激素、细胞因子、生长因子、单胺和胆碱类神经递质。胎盘免疫调节因子是刘月新等于 1985 年首先从健康产妇胎盘中提取到的一种主要成分为多肽的混合物。其后,许多学者对其理化性质、生物活性、临床应用做了大量研究。PIF 为无色或微黄透明液体,具有可透析性、可超滤性、蛋白质反应阴性、无抗原性,冻干品为白色粉末,易溶于水;紫外吸收光谱分析,特征吸收峰在 250 nm 左右,OD260 mm/OD280 nm≥2.0;经 SDS-PAGE 电泳和高效液相色谱分析仪测定,其分子量介于3 800～5 000；组分分析可知，其成分主要为多肽、核酸和16种游离氨基酸。研究表明，PIF是一种正向免疫调节剂，可提高细胞免疫功能，对体液免疫也有较强促进作用，可以全面增强放疗、化疗或冷应激所致的免疫抑制动物的免疫功能；临床上，PIF常用于肿瘤及肿瘤放化疗的辅助治疗；病毒性感染，特别是用乙肝病毒标志阳性的胎盘提取的特异性胎盘免疫调节因子治疗乙肝获得了良好效果。

3）蜂毒肽

蜂毒成分复杂，含有多种肽类、酶类、生物胺，我国民间蜂针疗法，已广泛应用于风湿、类风湿、过敏性哮喘、神经痛等病的治疗，但蜂毒所治疗的疾病中80%是免疫性疾病。近年来研究发现蜂毒中的肽类物质，可通过刺激垂体—肾上腺系统功能，使血循环中的皮质醇激素含量明显而持续升高，从而间接地影响机体免疫功能；它可以调节Th1和Th2细胞在机体免疫应答过程中的比例，即促使机体出现Th1和Th2的漂移，通过Th1类细胞增强机体细胞免疫功能。目前，其临床应用主要是采用蜂针疗法治疗类风湿性关节炎、过敏性哮喘、系统性红斑狼疮等在发病中Th2类细胞功能增强的疾病。今后，利用蜂毒对机体的免疫调节特性，蜂毒将有可能用来治疗细胞免疫功能低下、肿瘤及病毒感染等疾病。

4）胸腺肽类

1961年，继Miller和Archer分别在小鼠和家兔中发现胸腺对于淋巴细胞的分化、成熟和免疫活性的获得有重要的作用后，许多学者相继从小牛、猪等胸腺或血清中分离得到胸腺肽混合物。1972年，Golden从小牛胸腺中分离出胸腺肽组分五（TF5，Thymosin Fraction5，又名胸腺素五），后经等电聚焦凝胶电泳获得α1～10（PI＜5.0）、β1～5（5.0＜PI＜7.0）、γ（PI＞7.0）三个区15条多肽。近几年，国外研究机构对胸腺肽组分五进行了纯化及生物化学性质方面的研究，已证实有生物活性的单肽为α1、α5、α7、β3、β4，其中α1已经可以人工合成，而且已成功地利用基因工程通过大肠杆菌生产。胸腺肽类物质普遍具有双向免疫调节作用，能使过强的或受到抑制的免疫反应趋于正常。另外，低剂量可以增强免疫反应，而高剂量可以抑制免疫反应。胸腺肽类的靶细胞主要是T细胞。胸腺肽的家族成员可影响不同阶段的T细胞亚群成熟：β3和β4通过活化脱氧核苷酸转移酶（terminal deoxynucleotidyl transferase，TdT）来改变阴性前T细胞脱氧核苷酸转移酶的表达。α1主要作用于胸腺细胞成熟的早期和晚期，可诱导功能性辅助细胞的形成，增加T细胞表面Thy-1、2和Lyt-1、2、3的表达，在体外影响Th细胞成熟，可增加老龄小鼠的活动能力。另外，α1还可在体外调节胸腺细胞的末端TdT水平，刺激MIF、IFN、IL-2及其受体产生；作为一种生物反应调节剂，临床上胸腺素α1可用于先天性或获得性T细胞免疫缺陷病。α7则诱导功能性抑制T细胞的形成，并将抑制性Lyt-细胞转变为Lyt1＋、2＋、3＋细胞。

在临床上胸腺素家族被广泛应用于与免疫功能失调有关的疾病：自身免疫性疾

病，如系统性红斑狼疮、类风湿关节炎、重症肌无力、肾病综合征；病毒性感染，如乙肝、丙肝、流行性出血热、疱疹、艾滋病（AIDS）；肿瘤、肿瘤放化疗的辅助治疗；其他疾病，如小儿支气管哮喘、老年人免疫功能低下，子宫糜烂等。

5）促吞噬肽

促吞噬肽（tuftsin）是机体自然存在的免疫4肽，属于免疫球蛋白家族。1973年Naijar等人工合成tuftsin并证实人工合成品与天然4肽具有相同的理化性质和生物学特性；由于脾切除以后，这种物质明显减少，甚至消失，故认为这种物质是由脾脏产生的。

tuftsin不仅作用于中性粒细胞而且还作用于巨噬细胞、NK细胞等，既有抗感染作用，又有抗肿瘤作用；目前国外已将人工合成的tuftsin用于某些晚期肿瘤及AIDS病的治疗，并取得了一定的疗效，大剂量使用也未见明显的毒副作用。tuftsin抗肿瘤作用主要表现如下：①增强巨噬细胞的吞噬功能；②增强巨噬细胞溶解瘤细胞作用；③增强吞噬细胞的过氧化酶作用；④增强NK细胞活性。tuftsin的抗肿瘤机制不仅通过增加巨噬细胞的肿瘤趋向性、吞噬能力和分泌能力，更重要的是增加巨噬细胞产生氧自由基-超氧阴离子的能力，巨噬细胞定向性向肿瘤细胞内释放 O_2^- 对杀伤肿瘤细胞具有重要意义；随肿瘤的生长，tuftsin的这种作用也随之减弱，巨噬细胞的 O_2^- 产生量减少，这对tuftsin的抗肿瘤机制提出新观点。肿瘤动物注射tuftsin后能使接种性肿瘤发生延迟，发生率降低，并能抑制肿瘤的生长和减少转移。

6）海洋活性肽

海洋胶原肽是以深海鱼的鱼肉为主要原料，采用生物酶法生产的小分子寡肽混合物（分子量200～1 000）。研究显示其具有明显的免疫调节作用，海洋胶原肽可使ConA刺激的小鼠脾淋巴细胞增殖能力明显增强，腹腔巨噬细胞吞噬鸡红细胞的吞噬率和吞噬指数均明显增高；抗体形成细胞（IgM-PFC）数量、迟发型变态反应（DTH）试验足跖肿胀程度均明显增加，碳粒廓清试验的廓清率和廓清指数明显增高；但对小鼠NK细胞活性没有明显影响。由此可见，海洋胶原肽对小鼠细胞免疫功能、体液免疫功能和巨噬细胞功能均有明显促进作用。

鲨鱼是海洋中最活跃的动物之一，其肝脏重量占内脏重量的70%，具有很强的免疫活性。从鲨鱼肝脏中分离提取的鲨肝活性肽S-8300是一种分子量为14.4 k的单一多肽，纯度可达90%以上。试验证实这种活性肽具有明显的免疫调节作用，可显著提高环磷酰胺造成的免疫抑制小鼠的溶血素及血清IL-2水平，并促进溶血空斑形成；并能有效诱导外周血单核细胞（peripheral blood mononuclear cells，PBMC）分泌IFN-α 和IFN-γ，显著降低对乙酰氨基酚（acetaminophen，AAP）诱导的肝细胞凋亡。

从鳕鱼水解产物中得到的酸性肽组分为中等分子量（500～3 000）的活性肽，具有免疫刺激的活性。四种来源于鲑鱼的酸性肽有类似于刺激白细胞超氧阴离子产生的作用，通过增加活性氧代谢产物，如超氧阴离子的产生，或通过增加巨噬细胞的吞噬活性和胞饮作用，来提高非特异性免疫系统的防御功能。

采用现代生物工程技术，从栉孔扇贝中提取的海洋寡肽，相对分子质量为800～1 000。经药理试验表明，可显著增强免疫细胞的代谢和增殖，是一种有潜力的免疫细胞调节剂。

7）神经肽

免疫系统既有系统内的协调和制约，又与其他系统密切相关，其中与神经内分泌系统的关系更为密切，称为神经免疫调节。人们发现许多神经递质直接或间接地对免疫系统起着作用，如P物质、血管活性肠肽、神经肽γ、阿片肽等神经肽都具有正向或负向免疫调节作用。

P物质（substance P，SP）是一种线形多肽，含11个氨基酸残基，氨基酸顺序为N—Met-Leu-Gly-Phe-Phe-Gln-Gln-Pro-Lys-Pro-Arg—COOH。SP最早由Goddum等于1931年提取于马脑和马肠。目前国外多以马脑、牛脑，国内多以猪脑、羊脑、牛小肠为原料提取SP。SP是一种神经递质，广泛分布于细胞传入神经纤维内，当受到刺激时，会在传入神经的中枢和外周端末梢释放出来。SP可以单独或协同PHA/ConA促进人外周血T细胞增殖分化，促进有丝分裂原刺激的B细胞合成免疫球蛋白，增强单核巨噬细胞的吞噬和趋化能力，单独或协同LPS诱导单核巨噬细胞分泌TNF、IL-1、IL-10、IFN-γ。

神经肽是近年针灸机制研究中的热门话题。动物试验及临床试验均证明，针灸可以产生包括脑啡肽、内啡肽和强啡肽的阿片样肽、P物质、血管活性肠肽、胆囊收缩素等各类神经肽，进而影响针灸的免疫调节作用。

8）其他

动物来源的免疫调节肽非常多。例如从豹蛙皮肤提取物中分离出的一种具有免疫调节功能的18肽，被命名为亮氨酸精氨酸多肽（pLR），一级结构为：LVRGCWTKSYPPKPCFVR（Leu-Val-Arg-Gly-Cys-Trp-Thr-Lys-Ser-Tyr-Pro-Pro-Lys-Pro-Cys-Phe-Val-Arg），其中Cys^5（C）和Cys^{15}（C）形成二硫键。pLR是迄今为止发现的一种最有效的、天然的非细胞裂解性组胺释放多肽，比活性组胺释放肽——蜂毒肽的效力还高两成，并且在粒细胞生成原始粒细胞和肥大细胞中都发挥着相应的生物活性，能够抑制骨髓干细胞中粒细胞、巨噬细胞集落的早期形成。这种蛙类多肽在哺乳动物免疫系统中可能存在一个具有调节作用的不易识别的对应物。尿毒素三肽（urotoxin tripeptide，UTP）UTP-A、UTP-B和UTP-C是从慢性尿毒症患者的体液中分离得到的活性肽，这些肽对免疫系统有明显的抑制作用，如抑制植物血凝素（phytohemagglutinin，PHA）诱导的淋巴细胞转化作用及^3H-胸苷掺入淋巴细胞的DNA，对淋巴细胞及绵羊红细胞形成的玫瑰花环也有抑制作用。其他的动物来源的免疫调节肽还有转移因子、脾素、蝎毒肽、扇贝肽、虫草环肽 A、鳙鱼肽等等,它们大多都具有免疫增强作用。

(四)免疫调节肽在保健食品中的应用

人体的免疫系统是机体抵御外来细菌、病毒、化学毒物侵犯的一个重要防御系统。它由两部分组成:细胞免疫与体液免疫。

免疫调节肽有内源性和外源性两种。内源性肽主要包括干扰素、白细胞介素和β-内啡肽等,它们是激活和调节机体免疫应答的中心。外源免疫活性肽主要来自于人乳和牛乳中的酪蛋白、海洋生物蛋白、细菌和微生物蛋白等。免疫调节肽具有多方面的生理功能,它不仅能增强机体的免疫能力,在动物体内起重要的免疫调节作用;而且还能刺激机体淋巴细胞的增殖和增强巨噬细胞的吞噬能力,提高机体对外界病原物质的抵抗能力。此外,外源阿片肽中的内啡肽、脑啡肽和强啡肽也具有免疫刺激的作用,能刺激淋巴细胞的增殖。

肽类物质是对机体免疫系统最敏感、最直接的一种调节剂,免疫调节肽是维持免疫细胞功能的核心物质,以细胞免疫中最重要的淋巴细胞为例,当受抗原细胞的活化后,能迅速增殖并合成大量的抗体,对活性肽类的需求迅速增加,但体内储存的肽类物质是有限的,不能满足需求。而在这时补充外源性免疫调节肽能及时提供淋巴细胞活化所需的能量和原料物质,从而产生大量的免疫细胞和抗体,使机体的免疫力迅速得到提高。外源性免疫调节肽可促进淋巴细胞的增生,增强巨噬细胞的吞噬活性和杀伤能力。在年老体弱、疾病状态及营养不良致使机体免疫功能受到抑制时,补充免疫调节肽可恢复正常的免疫功能。人体在特定的生理条件下(如:外科手术、败血症、烧伤等)补充外源性蛋白肽,不仅可增强机体的免疫功能,更有助于维持细胞和体液的免疫应答,还能解除免疫抑制。

近年来,机体免疫功能低下,包括原发性及继发性免疫功能缺陷、缺乏或受损,受到国内外医学家们的广泛关注,因为它们本身及所诱发的各种并发症,特别是感染,常使病人的病情加重,难以治疗,并可引起严重的后果,甚至危及生命。如果通过开发保健食品,来改善机体免疫功能,经济实用,将对我国的卫生保健行业带来很大的帮助作用。

大豆活性肽能够增强小鼠的迟发型变态反应,增加小鼠单核巨噬细胞碳廓清功能和小鼠半数溶血值,具有增强细胞免疫功能、体液免疫功能和单核巨噬细胞吞噬功能等作用。由于这种大豆蛋白活性肽的分子量较小,具有容易吸收、运输速度快等优势。因此,既可以用于功能食品和保健食品的开发生产,又可作为原料、添加剂或中间体,广泛应用于发酵、制药、食品、化妆品、饲料及植物营养剂等行业。由大豆活性肽开发研制的增强免疫力保健食品在我国已经屡见不鲜。

酪蛋白是主要的乳蛋白,富含生物活性序列,免疫调节肽以非活性形式隐藏于酪蛋白的氨基酸序列中，在适当条件下可以被释放出来，发挥其生理学活性。采用生物酶解工程技术对酪蛋白进行酶解，可大大降低活性肽的生产成本，使其工业化生产成为可能和现实。采用免疫学方法，通过体外和体内试验，对来源于食品级原料的酪蛋白水解肽进行了免疫调节功能评估，充分证实了其免疫效果，为酪蛋白酶解产物在保健食品工业中的安全应用提供了科学依据。乳源性酪蛋白免疫调节肽是以我国资源丰富而利用程度相对较低的干酪素作为原料，采用来源广泛、成本较低的微生物蛋白酶酶解技术获得的生物活性肽，大大提高了干酪素的价值以及我国乳制品科技含量，丰富了产品种类，是免疫调节型保健品的研制开发的新型功能性基料，具有巨大的经济效益和社会效益。

海洋生物活性肽是21世纪生物科技领域的研究热点。地球上的海产资源丰富，全世界每年捕获的鱼类和虾类超过1亿t，其生产过程中有大量的下脚料——鱼头、骨、内脏、虾头等，这些下脚料里面含有15%左右的优质蛋白质，氨基酸模式接近FAO/WHO推荐模式。但是，这些下脚料的利用率很低，甚至直接被当作废物丢弃，不但浪费资源，而且影响环境。水产下脚料资源丰富，价格非常便宜，生产出来的海洋生物活性肽价值很高，是保健食品研制开发的良好原料。充分合理利用这些下脚料，不但有利于环境保护，还可以造福社会，具有巨大的经济效益和社会效益。

三、活性肽在增加骨密度类食品中的应用

(一)增加骨密度保健食品的概况

改善骨质疏松功能曾经是卫生部公布的22种保健功能之一。后来由于《保健食品管理办法》中规定改善骨质疏松需要进行人体试验，检验、申报耗时长、费用高，所以此项功能鲜有企业申报。2003年国家食品药品监督管理局对原有的22种保健食品的功能进行了调整，新颁布的保健食品27种功能中取消了“改善骨质疏松”，取而代之的是“增加骨密度”功能。2005年2月6日国家食品药品监督管理局公布的关于《保健食品注册申报资料项目要求》再次征求意见，确认仍然沿用“增加骨密度”功能。增加骨密度保健食品是在日常食品基础上，添加具有增加骨密度功能的活性物质，或以具有增加骨密度作用的活性物质本身辅以适当的载体制成的。目前已证实的具有增加骨密度作用的物质包括：①矿物质和微量元素类；②黄酮类；③蛋白质、氨基酸和肽类；④激素类；⑤中药提取物类(葛根素等)。据统计，截止到2005年底，我国共批准增加骨密度、改善骨质疏松功能保健食品186种，其中国产保健食品173种，进口保健食品13种，其中很多产品同时申报了两种以上的保健功能，多集中在补钙、增强免疫力上。就目前市场产品类型来看，增加骨密度的保健食品大体分为两类：一类是含钙的，通过直接补充钙质而达到增加骨密度目的的保健食品；另一类是

不含钙或者不以补钙为目的,而是通过调整内分泌而促进钙的吸收从而达到增加骨密度目的的保健食品(如大豆异黄酮类等)。

(二)增加骨密度保健食品的检测方法

增加骨密度功能的检验主要为动物试验。增加骨密度功能检验方法根据受试样品作用原理的不同,分为以补钙为主的受试动物增加骨密度的功能检测和以不含钙或不以补钙为主的受试动物增加骨密度的功能评价两种。

以补钙为主的受试动物的功能检测:机体中的钙绝大部分储存于骨髓及牙齿中,大鼠若摄入钙量不足会影响机体和骨髓的生长发育、表现为体重、身长、骨长、骨重、骨钙含量及骨密度低于摄食足量钙的正常大鼠。生长期大鼠在摄食低钙饲料的基础上分别补充碳酸钙(对照组)或受试含钙产品(试验组),比较两者在促进机体及骨髓的生长发育、增加骨矿物质含量和增加骨密度的作用,从而对受试样品增加骨密度的功能进行评价。

不含钙或不以补钙为主的受试动物的功能检测:雌性成年大鼠切除卵巢后,骨代谢增强,并发生骨吸收(破骨)作用大于骨形成(成骨)作用的变化。这种变化表现为骨量丢失,经过一定时间的积累,可以造成骨密度降低模型。在建立模型的同时或模型建立之后给模型试验组大鼠补充受试样品,通过受试物抑制破骨或促进成骨等骨代谢调节作用,观察其增加骨密度及骨钙含量的效果,从而对受试样品增加骨密度的功能进行评价。

(三)增加骨密度活性肽的研究概况

增加骨密度活性肽主要是指具有促进矿物质(钙)吸收的活性肽类。这类活性肽又以酪蛋白磷酸肽为主。

酪蛋白磷酸肽(casein phospho peptide,CPP)是牛乳酪蛋白水解而得的一种多肽,能促进钙的吸收和利用。它的发现为提高钙的吸收效率开辟了一条新的途径。CPP 最早被发现是在用酪蛋白喂养大鼠时,在肠内容物中含有 CPP。酪蛋白通过膜蛋白酶分解得到的部分水解产物 CPP 比较稳定,不易被进一步水解,而且这种多肽与钙、铁等金属离子具有较强的亲和性,可形成可溶性复合体。用膜酶或膜蛋白酶水解酪蛋白,精制、纯化制备 CPP 时,发现不同条件下制备的 CPP 都含有相同的核心结构:-Ser(P)-Ser(P)-Ser(P)-Glu-Glu-(Ser:丝氨酸、Glu:谷氨酸、P:磷酸基)。此结构中磷酸丝氨酸残基[-Ser(P)-]成簇存在,在肠道 pH 弱碱性环境下带负电荷,可阻止消化酶的进一步作用,使 CPP 不会被进一步水解而在肠道中稳定存在。同时,-Ser(P)-对 CPP 的功能发挥起重要作用。

酪蛋白是牛乳蛋白质中的主要成分,约占 80%,它本身就是一种含磷蛋白质,而且酪蛋白是一种非常不均一的混合体，主要由 αs-酪蛋白、β-酪蛋白、κ-酪蛋白、γ-酪蛋白组成，其比例大致为 34∶8∶33∶9。其中 αs-酪蛋白又包括 αs1-酪蛋白（199 个氨基酸残基）和 αs2-酪蛋白（207 个氨基酸残基），这两种酪蛋白中含有大量的磷酸丝氨酸残基[-Ser(P)-]和大量的脯氨酸，而钙等矿物质可以与磷酸根作用，研究发现 CPP 的纯度、CPP 中氮与磷的摩尔比值（N∶P）与其功能密切相关，N∶P 的值越小，CPP 的肽链越短，磷酸基密度越大，CPP 纯度越高，促进钙吸收和利用的作用越强。αs1-酪蛋白第 41 ~ 80 个氨基酸残基区段是一个亲水的极性区域，在这一区域[-Ser(P)-]成簇存在，在牛乳正常的 pH 范围内，这一段肽约带有 21 个负电荷，这一极性部分使酪蛋白分子对离子（如钙离子、氢离子等）的结合特别敏感。αs2-酪蛋白和 β-酪蛋白也具有与 αs1-酪蛋白类似的结构区域，αs2-酪蛋白 8 ~ 16、56 ~ 61 和 129 ~ 133 氨基酸残基区段均含有成簇存在的磷酸丝氨酸残基[-Ser(P)-]，是一种亲水性最强的酪蛋白。而 β-酪蛋白的 N 末端 1 ~ 60 氨基酸残基区段含有大量磷酸丝氨酸残基[-Ser(P)-]，呈现酸性和亲水性；而 C 末端则呈碱性和疏水性。因此，当用蛋白酶水解酪蛋白时可以得到不同的酪蛋白磷酸肽（表 3-4）。

表 3-4　牛乳酪蛋白中的酪蛋白磷酸肽

酪蛋白磷酸肽	αs1-酪蛋白	αs1-(43 ~ 58)2P	避免钙在小肠中性和偏碱性环境中沉淀，促进钙吸收
	αs1-酪蛋白	αs1-(59 ~ 79)5P	
	αs1-酪蛋白	αs1-(46 ~ 70)4P	
	β-酪蛋白	β-(1 ~ 25)4P	
	β-酪蛋白	β-(1 ~ 28)4P	
	β-酪蛋白	β-(33 ~ 48)4P	

机体对无机钙等矿物质的吸收，必须以可溶性状态由小肠吸收，即钙必须以离子的形式才能被吸收，而钙等无机盐离子在中性和弱碱性的环境下易与酸根离子形成不溶性盐而流失，小肠下段的 pH 值呈中性至弱碱性，容易使无机钙等矿物质形成不溶性沉淀而影响其吸收。而 CPP 对钙等无机盐离子吸收的促进作用主要表现为在中性和弱碱性环境下能与钙结合，抑制不溶性沉淀的生成，从而避免钙等无机盐离子的流失。最终可因游离钙浓度的提高而促进钙的被动吸收。研究显示，将 CPP 和盐溶液（含 PO_4^{3-}）混合，缓慢地提高混合液的 pH 值至弱碱性，结果混合液中出现许多毫微簇（nanocluster）。对其进行光谱扫描发现这些毫微簇是 CPP 包围的无定形的磷酸二钙。CPP 中的-Ser(P)-取代无定形磷酸二钙中的磷酸根，与钙离子结合，磷酸根则被 CPP 链包围，不能与钙离子形成沉淀。核磁共振的结果也表明，溶液中的钙离子游离于毫微簇外但与毫微簇处于持续的交换状态。进一步对这些毫微簇的结构进行研究，提示可能存在一种核—壳（core-shell）模型，毫微簇内部是由无定形物组成

的核，密度为 2.31 g/m^3，半径为(2.30 ±0.05)nm。外层是紧密包裹的壳，由 CPP 组成，半径为(4.04 ±0.15)nm，这样的厚度足以抑制无定形物转变为磷酸钙晶体而生成沉淀。

大量体内和体外研究均证实，CPP 可阻止小肠内磷酸钙沉淀的形成，从而促进小肠对钙的吸收。众所周知，维生素 D 常常作为钙吸收促进剂，因为维生素 D 可强化钙在小肠上段的主动吸收过程。而小肠下段，钙的吸收主要是被动扩散，其吸收效率取决于小肠内游离的钙离子浓度。人类日常膳食中，谷类等植物性食物中含有大量的植酸(肌醇六磷酸)等高磷成分，它们在小肠下段 pH7 ~8 的环境下很容易与钙结合成磷酸钙沉淀，从而阻碍钙离子的被动吸收。CPP 能抑制磷酸钙沉淀的形成，使游离钙保持较高的浓度，促进钙的被动吸收，从另一个途径提高钙的吸收率。在人工模拟的小肠下段管腔条件(pH7.0、37 ℃)下进行的体外试验研究显示，CPP 具有阻止钙沉淀的作用，动物试验和人体研究也显示了 CPP 的这种促进钙吸收的作用。

此外，CPP 还具有促进骨髓对钙的利用的作用。将切除卵巢的大鼠作为绝经期后骨丢失的动物模型，然后在大鼠饲料中加入 CPP 喂养 17 周后，发现大鼠的股骨骨密度没有变化，而对照组中大鼠的骨密度则迅速下降。另外，在大鼠的股骨上安装一种能引起骨丢失的装置，然后将大鼠分成饲料中加 CPP 的试验组和不加 CPP 的对照组，喂养 14 d 后，对照组大鼠股骨骨量比 CPP 组明显减少。分析认为这可能是由于 CPP 促进了钙的吸收和利用从而间接减弱破骨细胞作用及抑制骨吸收所致。

CPP 可以促进牙齿对钙的利用：世界上许多地方的居民有餐后咀嚼乳酪的习惯，而流行病学调查显示这种习惯有助于防止龋齿的发生。原先人们认为这可能是由于咀嚼乳酪能刺激唾液的分泌，而唾液的碱性环境能缓冲牙斑上的酸性物质对牙轴质的腐蚀，而且人量的唾液又起到稀释作用。但近年来大量的研究发现，乳酪中含有的 CPP 能将食物中的钙离子结合在龋齿处，减轻釉质的去矿物化，从而实现抗龋的作用。用大鼠龋齿模型进行的研究证实了 CPP 对龋齿的预防作用，试验中 0.1% CPP 溶液能减少齿表面龋齿 55%，齿间隙龋齿 46%，这一治疗效果与含氟 0.5 mg 的溶液的效果相当。CPP 与钙形成可溶性复合物，附着在龋齿处，维持钙离子的高浓度，促使钙离子进入牙损伤区，补充釉质的矿物质。在人磨牙釉质上用显微放射照相技术和显微光密度计已经证实了这一机制。

除此之外，人们还发现 CPP 能改善链球菌造成的牙龈液中白细胞的功能缺陷，促进白细胞的吞噬功能；CPP 能促进精子对钙离子的吸收，从而提高精子穿透卵细胞的能力，最终提高精子和卵细胞的受精率。此外，CPP 还能减少精子的变异程度而使胚胎发育更加稳定。而且，研究发现 CPP 的致敏性很小，能够适用于对牛奶过敏的体质。

最近发现，除了牛乳以外，其他天然动植物蛋白中也可能含有与 CPP 类似的多肽成分,最新的研究显示,来源于海洋鱼类蛋白的酶解产物同样具有增加骨矿物质含量、增加骨密度的作用。

(四)生物活性肽在增加骨密度保健食品中的应用

骨折危险性增加是一种全身代谢性骨髓疾病。目前,全世界大约有2亿人患有骨质疏松;我国60岁以上老人80%患有骨质疏松,其中以老年妇女发病率最高。随着老龄社会的到来,骨质疏松和骨质疏松性骨折正严重地威胁着老年人的身体健康,许多人因此而长期遭受肉体上的痛苦,甚至是伤残的折磨。目前骨质疏松已成为全球性的公共卫生问题,对其防治的研究工作显得极为重要和迫切。

随着人类跨入新世纪,人类生产、科技和经济的飞跃发展,人们对健康和生活质量的提高给予了极大的关注,而与人们健康和保健息息相关的保健食品是健康产业中极为重要的组成部分,近些年来保健食品行业出现了前所未有的发展态势。自1996年国家颁布施行《保健食品管理办法》至今,我国已审批的保健食品中的功能分布很不均衡,有60%以上的保健食品是针对增强免疫力、缓解体力疲劳、辅助降血脂等功能开发的,而具有增加骨密度功能的保健食品仅占1% ~2%。而且在已经获得审批的具有增加骨密度功能的保健食品中,又以单纯采用营养补充剂补钙的产品居多。

近年来,随着食品工业的迅速发展和人们对于保健食品保健功能要求的增加,由于CPP具有促进钙等矿物质吸收的作用,因此,可以在多种功能食品中加以应用。CPP是从天然蛋白质中提取的多肽,具有不良反应小、安全可靠的优点,能提高钙、铁、锌、镁等金属离子的生物利用度,被称为具有金属载体功能的肽类物质。但应该注意的是,CPP单独使用的意义不大,只有与钙等配合使用才可以促进钙的吸收,起到促进骨髓生长、改善贫血等功效,例如对闭经后的老年女性,可以防治其骨质疏松,对骨折患者可以缩短恢复期等。采用补钙与CPP有机结合研制的新型保健食品将在增加骨密度领域有着广阔的应用前景。关于钙与CPP的配合比例,要根据不同的CPP的结构而定。粉末状的CPP稳定性很好,但当用于高温(180 ℃)焙烤食物时,可以考虑在食品加工后期添加CPP,以避免CPP受高温作用而影响其生理功能的发挥。对于饮料等其他保健食品剂型而言,CPP的应用一般没有什么问题。

目前,日本已将CPP应用于儿童咖喱饭、口香糖、饮料等食品和保健品中。它在儿童佝偻病、老年人骨质疏松、不育症的防治和牙齿的保健等方面具有广阔的药用前景。由于影响CPP作用的因素比较复杂,因此需要对CPP在钙代谢整个过程中的作用作更深入的研究。此外,选用更简便的制备工艺以适应大生产的需要,提高稳定性等一系列问题都值得进一步探讨。

四、活性肽在缓解身体疲劳类食品中的应用

(一)抗疲劳功能食品概况

随着现代生活节奏的加快,社会竞争的加剧,由于工作、学习的压力,使得疲劳成为困扰很多人的健康问题。也正因如此,具有缓解疲劳,抗疲劳作用的保健食品应运而生。据中国保健协会市场工作委员会数据,截止到2005年年底,中国共批准"抗疲劳、缓解体力疲劳"的保健食品1 260种,其中国产保健食品1 214种,进口保健食品46种。这些产品大致可分为几类:第一是补充能量,通过补充运动中所消耗的营养素来达到维持机体正常生理功能、解除疲劳的目的;第二是补充人体必需的维生素和微量元素;第三是通过提高机体器官的功能,特别是循环系统的功能,加速体内代谢物质的清除、排出,来达到抗疲劳目的。但是,疲劳的发生是多种综合因素导致的,各个环节紧密相连,仅仅是针对其中某一个环节来抗疲劳是不全面的。从目前的抗疲劳保健食品的开发来看,也在趋向于向缓解体力疲劳以外的功能拓展。

(二)疲劳产生的机制

无论是从事以肌肉活动为主的体力活动,还是以精神和思维活动为主的脑力活动,经过一定的时间和达到一定的程度都会出现活动能力的下降,表现为疲倦或肌肉酸痛或全身无力,这种现象就称为疲劳。疲劳的症状可分一般症状和局部症状。当进行全身性剧烈肌肉运动时,除肌肉的疲劳以外,也出现呼吸肌的疲劳,心率增加,自觉心悸和呼吸困难。由于各种活动均是在中枢神经控制下进行的,因此,当工作能力因疲劳而降低时,中枢神经活动就要加强活动来进行补偿,逐渐又陷入中枢神经系统的疲劳。

疲劳最主要的生理本质是肌肉活动对能量代谢功能的影响。肌肉收缩时最先发生的反应是ATP的分解,这时含有高能的磷酸键(P-)释放出能量是肌肉收缩的直接能源。由于肌球蛋白和肌动蛋白的反应(结合、解离),横纹肌每活动一次,需分解一个分子的ATP。ATP分解为ADP,而ADP得到磷酸肌酸(CP,或称磷肌酸)分解所生成的磷酸,又立即转变为ATP。

肌肉收缩的直接能源是ATP,供应ATP并维持ATP含量的首先是磷酸肌酸,其次则是不断地消耗氧、生成二氧化碳,不产生乳酸而进入三羧酸循环的营养素(糖原、脂肪酸等)的氧化过程,第三则是生成乳酸的糖酵解过程。进行中等程度以下的肌肉运动时,磷酸肌酸的重新合成仅靠氧化过程就可以维持,所以不产生乳酸。

疲劳时由于能量消耗增加,必然使机体的需氧量增加,在运动或劳动的过程中需氧量是否能得到满足,取决于呼吸器官及循环系统的功能状态,为了提供大量的氧、

输送营养物质、排出代谢产物和散发运动过程中产生的多余热量，心血管系统和呼吸系统的活动必须加强，此时心率加快，每分心输出量由安静状态下的3~5升增加到15~25升，血压升高，特别是收缩压升高更为明显，呼吸次数由每分钟14~18次增加至30~40次，甚至60次，肺通气量也发生很大变化，可由安静时的每分钟6~8升增至40~120升。

总之，疲劳时的生理变化本质是多方面的，如体内疲劳物质的蓄积，包括乳酸、丙酮酸、肝糖原、氮的代谢产物等；体液平衡的失调，包括渗透压、pH值、氧化还原物质间的平衡等。

疲劳可使工作效率降低，对所有事物的反应均迟钝，学习的效率也下降。疲劳出现后若得不到及时休息，时间长了就会产生过度劳累进而导致健康受损。除使身体某一部分器官和系统过度紧张引起各种不同类型的病损外，也会出现循环、呼吸、消化功能等的功能减退。疲劳的影响还表现在对新陈代谢的影响，肌肉活动时肌细胞外液的K、P增加，体内电解质的分布情况发生改变。尿中由黏蛋白组成的胶体物排泄增加，尿中还原性物质和蛋白质的排泄也增加。

(三)抗疲劳产品的评价方法

目前，国家对“抗疲劳”功能的检验方法是结合两项运动试验和三项生化指标的结果判定。两项运动试验是小鼠负重游泳试验和小鼠爬高试验，三项指标是血乳酸、血清尿素氮和肝糖原含量。机体疲劳时，肌细胞受破坏，血液中肌红蛋白数量增加。若血液中肌红蛋白数量减少，则意味着疲劳的恢复；瘦体重、血清睾酮水平的增加和主观用力率的降低一定程度上反映了机体蛋白质合成的增加；血清肌酸激酶水平的降低表明细胞内肌酸激酶外渗作用减弱，有利骨髓肌损伤组织的恢复；糖是机体重要供能物质，主要以肌糖原和肝糖原的形式储存。肌糖原是肌肉中糖的储存形式，大强度运动2 h左右，肌糖原近于耗竭。长时间紧张运动体力的消耗总是与肌糖原减少同时发生；肌糖原消耗的同时，为维持血糖水平，肝糖原就会相应减少，因此糖原的含量能说明疲劳发生的快慢或程度。糖原的储存量可直接影响机体的运动能力，提高糖原储备量有助于提高耐力和运动能力，有利于抵抗疲劳的产生。

(四)生物活性肽在抗疲劳产品中的应用

机体在运动过程中，蛋白质合成受到抑制，同时骨髓肌蛋白降解、氨基酸氧化和葡萄糖异生作用增加，使得体内蛋白质利用增加，骨髓肌产生损伤，能量代谢物质减少，从而影响运动能力的发挥。为了快速消除疲劳，维持或提高运动能力，增强肌肉含量和力量，人们尤其是运动员有必要在运动后及时地从体外补充蛋白质，弥补体内蛋白质的消耗，以免造成骨髓肌蛋白质的负平衡。研究表明很多活性肽可以有效改善疲劳的症状，可广泛应用于抗疲劳功能食品。

1. 大豆肽在抗疲劳产品中的应用

大豆肽是大豆蛋白经过蛋白酶处理后，形成的水解产物，其氨基酸组成几乎完全与大豆蛋白质一样，也具有必需氨基酸比例平衡、含量丰富的特点。大豆肽含有八种必需氨基酸，具有较高的营养价值。同时，其理化特性和营养特性与蛋白质和氨基酸相比具有更多优点，如：溶解度好，黏度低，能抑制蛋白质的凝胶形成，比蛋白质和氨基酸更易吸收，具有促进微生物发酵作用、降血脂及抗疲劳等生理活性。作为一种植物蛋白资源，大豆肽被广泛应用于食品工业中，在抗疲劳产品中也有着广泛的应用。

动物试验研究表明，大豆肽能明显改善疲劳症状，提高耐力。胡可心等所做的小鼠负重游泳试验表明，服用大豆肽的小鼠游泳时间明显长于服用水的对照组，并且有剂量反应关系。荣建华等用大豆肽喂养小鼠 30 天后，测定肝糖原和肌糖原的含量，结果喂养剂量为 200 mg/(kg · bd)、400 mg/(kg · bd)和 800 mg/(kg · bd)的小鼠肌糖原含量分别增加 13.5%、51.1% 和 105.4%，肝糖原含量增加 20.7%、30.4% 和 74.7%。表明大豆肽能通过增加肌糖原和肝糖原来储备维持运动时所需的血糖水平，从而为机体提供更多的能量来达到抗疲劳的目的。

人群试验也已证实，大豆肽具有明显的抗疲劳效果。木本实等人让运动员 20 km 竞走后饮服 20 g 大豆肽饮料，发现饮服大豆肽的运动员其血清中肌红蛋白值减少的速度比未饮服者快。Dragan 等报道，将 66 名皮艇与赛艇奥运会选手(男 45 人，女 21 人)随机分为 2 组，A 组(38 人)每天服用 15 g/kg 体重的大豆水解肽，B 组服用外观及口感与 A 组摄入的运动饮料相同的安慰剂。8 周时间内，两组受试者每天进行 4 ~6 小时的耐力和力量训练。结果表明，大豆肽可提高 A 组运动员的体重(尤其是瘦体重)、肌肉力量和血清总钙含量，训练课后疲劳感显著降低。将 A 组与 B 组所摄入的饮料交换再次进行 8 周试验，得到同样的结果。王启荣等人把 21 名男性省级中长跑运动员分为对照组($n=7$)、补糖组($n=6$)和补肽组($n=8$)进行 4 周大强度训练，补肽组每天训练课后补充含有 8 g 大豆多肽和 35 g 糖的运动饮料，补糖组服用含有 35 g 糖的饮料，对照组服用外观及口感与大豆肽饮料相近的安慰剂。试验前、训练两周后及试验后对受试对象的体成分、主观体力感觉(RPE)等级和血液生化指标进行测试。结果补肽组运动后的体重、瘦体重、血清睾酮水平比对照组明显提高，而 RPE 等级和血清肌酸激酶显著下降，表明服用大豆肽可促进中长跑运动员瘦体重的增加、提高血清睾酮水平，提示大豆肽可促进蛋白质合成，具有一定的抗疲劳作用，并能促进骨髓肌损伤组织的修复以及减少细胞内肌酸激酶外渗。中国国家体育总局运动医学研究所的研究证实大豆肽可促进力量项目运动员肌肉的恢复，使肌肉的工作效率增加，抗疲劳能力提高。

解放军总后勤部军需装备研究所军用食品室从部队训练后快速恢复体力、缓解疲劳的需求考虑，新研制的一种低聚肽体力恢复剂即应用了大豆低聚肽和左旋肉碱的抗疲劳饮料配方。大豆低聚肽的特点是易于消化吸收，能提供全面、高效的蛋白营养；而左旋肉碱则是将机体内的长链脂肪酸运入到线粒体内进行β-氧化变为人体所需的能量，通过燃烧脂肪供能迅速恢复体力。动物试验中观察的抗疲劳功能的两项重要指标，即小鼠负重游泳时间和小鼠肝/肌糖原均出现阳性结果，提示该组方具有一定的抗疲劳功能。

2. 玉米肽在抗疲劳产品中的应用

玉米肽是以玉米蛋白粉为原料，在碱性蛋白酶催化下，进行部分水解，经过离心、层析等手段进行分离纯化，然后进行喷雾干燥，得到的低分子量的寡肽混合物(图 3-1)。其分子量一般在 2 000 以下。由于玉米肽中富含支链氨基酸，具有在肌肉中促进蛋白质合成和抑制蛋白质分解的功能，并且在非常情况下可以直接向肌肉提供能量，具有良好的抗疲劳保健功效。

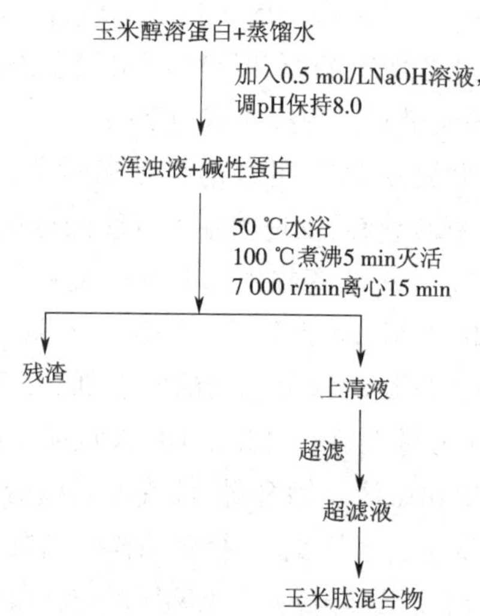

图 3-1　玉米肽的制备流程图

在运动中，机体运动能力的降低是由于体力性疲劳的出现所致，因而延缓体力性疲劳的出现有助于机体运动能力的保持与运动成绩的提高。对抗体力性疲劳应包括延缓体力性疲劳产生和促进体力性疲劳消除两大方面。动物试验研究表明，喂饲玉米肽的小鼠游泳时间和爬杆时间与对照组相比显著提高，血清尿素氮含量明显降低，肝糖原含量显著性提高，提示玉米肽可延缓疲劳的出现；服用玉米肽的小鼠运动后 15 min 内血乳酸含量降低并趋于正常对照组，说明玉米肽具有促进体力性疲劳消除的积极作用；玉米肽在提高脑内抑制性氨基酸(γ-氨基丁酸)含量的同时也能提高兴奋性氨基酸(谷氨酸)的含量。以上试验数据提示，玉米肽可调整体内代谢和快速加强体质恢复，具有良好的抗体力性疲劳的作用。

3. 海洋肽在抗疲劳产品中的应用

海洋生物是保健食品未来的重要原料来源。现代生物技术与海洋生物学相交叉形成的海洋生物技术，为从海洋中获得更多的食物、药物和其他生物制品等提供了重要的技术支撑。利用现代海洋生物技术对海洋资源优化利用和高值化加工，已经成为各国竞相研究的热点。

海参是人们熟悉的海产珍品，素有"海中人参"之称。自古以来，海参便是滋补强身的名贵佳品和防治一些疾病的良药，《五杂组》中记载："其性温补，足敌人参，故曰海参"。海参属棘皮动物的刺参科，其生存已有 5 000 万年之久。全世界约有 1 100 种海参，我国有 100 多种，可食用的有 20 多种，其中我国黄、渤海区的刺参营养价值最高，是世界上最名贵的上等海参，营养十分丰富。干刺参中含蛋白质 76.5%，脂肪 1.1%，碳水化合物 13.4%，灰分 4.2%，是典型的高蛋白、低脂肪、极低胆固醇、富含矿物质和维生素的优质食品。海参蛋白质中含有 18 种以上的氨基酸，而且氨基酸的构成比例较好。海参肽系指鲜活海参经蛋白酶水解并精制后得到的以小分子肽为主、多种功效成分共存的蛋白质水解产物，经预处理、超微粉碎、肽分子化酶解、杀菌灭酶、分离纯化、脱盐、微胶囊化喷雾干燥等工艺技术精制而成。产品以 3 ~ 10 个氨基酸组成的小分子寡肽为主，分子量低于 2 000 的组分占 90% 以上，含有粘多糖、硫酸软骨素以及钙、铁、钠等多种微量元素。

抗疲劳是一项综合性指标，它反映出心脏的做功能力、机体的耐缺氧能力和耗氧状态，同时也反映能量代谢和神经系统的适应性。海参肽的动物试验显示，小鼠负重游泳时间明显延长，肝糖原含量增加，血乳酸含量减少，对血清尿素氮影响不明显，说明海参肽有明显的抗疲劳作用，能增加动物的有氧运动能力，提高运动耐力。运动员在服用海参肽后，全身代谢、身体素质方面有明显改善，训练欲望、运动量和运动强度都有提高，心理生理的疲劳阈值、心肺功能状态也都有提高，使运动员能够保持良好的竞技状态。

鲑鱼是一种喜欢逆流而上的鱼类，常因激烈的运动从而在肌肉中产生氢离子并形成乳酸分子，使血液呈酸性，产生疲劳感。为中和上述酸性物质，这些鱼类的肌肉中含有大量的抗疲劳因子。以此类鱼为原料，利用现代生物酶解技术，得到的多肽产物具有显著的抗疲劳功效。运动耐力的提高是抗疲劳能力增强最直接的表现，游泳时间的长短可反映动物疲劳的程度。小鼠负重 5% 游泳试验统计显示，灌胃给予小鼠鲑鱼肽 4 周后，负重 5% 游泳时间明显长于对照组，血清乳酸含量降低，而肝糖原含量显著性增高，这些均提示鲑鱼肽具有明显的抗疲劳效果。

有研究表明海星提取肽对保持有氧运动能力，促进运动后恢复有明显的作用，对调节因运动不适应而引起的免疫球蛋白改变也有一定作用。用酶酵解法制备的牡蛎多肽可显著延长小鼠负重游泳时间,降低血尿素氮和血乳酸含量。有研究证实海蛇乙醇浸出物有利于小鼠运动耐力的提高和血清乳酸脱氢酶活力的增强,促进体内能源物质肝糖原和肌糖原的积累,延缓疲劳的产生。此外,刘勇军等对扇贝和贻贝提取物的抗疲劳作用进行了研究,发现扇贝提取物和翡翠贻贝提取物能延长小鼠负重游泳时间,提高小鼠肝糖原水平,同时可降低小鼠血尿素氮水平,具有抗疲劳的作用,并且扇贝提取物的抗疲劳作用优于翡翠贻贝提取物。

4. 乳源性免疫调节肽在抗疲劳产品中的应用

乳源性免疫调节肽(immunomodulating peptide)是一组来源于乳酪蛋白的小分子肽。来源于牛β-乳酪蛋白 63 ~ 68 片段(Pro-Gly-Pro-Ile-Pro-Asn, PGPIPN)的免疫调节肽,是牛β-酪蛋白的酶解产物,顾芳等利用动物试验研究发现,此免疫调节肽具有抗疲劳的作用。用 PGPIPN 灌胃 14 天后,进行小鼠负重 5% 游泳试验,小鼠游泳时间明显长于对照组动物(表 3-5)。小鼠负重游泳试验,直接反映 PGPIPN 能增强小鼠抗疲劳能力。糖原酵解可获得能量,糖酵解的产物乳酸的堆积会引起疲劳。糖原是运动的重要能源,其储存量的多少直接决定运动能力的强弱。组织中的乳酸只有通过 LDH 的作用才能生成丙酣酸继续代谢,LDH 活力的升高可以加速肌肉中过多乳酸的清除,减少乳酸的积累。肌酸激酶(CK)主要分布于心肌、骨髓肌和脑组织中,其功能与细胞能量代谢密切相关。肌肉在运动或活动中 CK 明显上升,尤其是肌肉处于极度疲劳时,CK 活性比正常水平高出很多。因此 CK 活性的高低代表着肌肉的疲劳程度以及是否恢复等。喂饲 PGPIPN 组小鼠肌肉和肝脏中 CK 活性明显降低,提示了 PGPIPN 在解除体力疲劳,恢复机体活力中起着重要的作用。

表 3-5 PGPIPN 对小鼠游泳时间的影响

组别	游泳时间/min	时间延长率/%
对照	7.85 ±3.33	
低剂量 PGPIPN 组	11.73 ±4.56*	49.43
高剂量 PGPIPN 组	15.31 ±6.89*	95.03

* 与对照组相比有显著性差异

(五)补充生物活性肽抗疲劳的原理及适宜时机

运动时体内热量的消耗 4% ~10% 是由破坏蛋白质来提供的。而体内不储藏蛋白质,且不能合成氨基酸,同时发生了蛋白质合成的抑制,肌肉蛋白质降解、氨基酸氧化及葡萄糖异生作用的增加,导致体内蛋白质利用的增加。所以必须及时地从外部补充氨基酸,以免造成肌肉蛋白的负平衡而使肌肉疲劳。活性肽在肌肉组织中氧化脱氨,一方面生成相应的α-酮酸进入三羧酸循环而氧化供能;另一方面,脱下来的氨基与丙酮酸或谷氨酸偶联，促使丙氨酸和谷氨酸酰胺的形成，从而提供能量物质。在特殊的应急情况下，可直接向肌肉提供能源。因此，运动前、中、后蛋白质的增加或补充，均可以补充体内蛋白质消耗。由于肽易于吸收，能迅速利用，从而抑制或缩短了体内“负氮平衡”的作用，尤其是运动前、中。生物活性肽的添加还可减少肌蛋白降解，维持体内正常蛋白质合成，减轻或延缓由运动引发的其余生理方面改变，达到抗疲劳效果。通常在运动 15 ~ 30 min 之后以及睡眠后 60 min 时刺激蛋白质合成的激素分泌达到顶峰，若能在这段时间内适时提供消化、吸收性良好的生物活性肽对肌肉力量的增加非常有效。

(六)生物活性肽抗疲劳功能食品的市场前景

在人们出现疲劳，而又无法通过适当休息缓解的时候，不少人以抽烟、喝茶等方式试图消除疲劳。但抽烟有害健康，喝茶受条件限制，且抗疲劳的作用并不十分理想。因此，具有较高科技含量的抗疲劳功能食品，有一定的市场价值。抗疲劳功能食品在保健食品市场中占据着相当大的份额，如上海市 2005 年第一季度的统计数据显示，抗疲劳功能食品在上海市保健品市场中占据 23.2%，位列第一。

人类自 19 世纪就先后尝试过利用古柯叶、咖啡豆、茶叶、酒、烟草、麻黄草、仙人掌等植物来消除疲劳。从目前来看，含生物碱的一些饮料，如茶水、咖啡等具有一定的提神作用，但消除疲劳的功效并不能令人满意。在现在的抗疲劳功能食品市场上，消费者企盼新型、健康的抗疲劳产品问世，这就为生物活性肽类抗疲劳功能食品提供了新的机遇和挑战。

目前，生物活性肽类饮料已成为西方流行的功能性饮料，既可以解渴和补充水分，又能为人体提供所需的蛋白肽。这类产品，尤其是大豆蛋白活性肽运动饮料在欧美和日本等发达国家比较流行。在市场上占据着不可忽视的份额。据了解，全世界运动饮料的年产量已达 3 亿 t，并以每年 16% 的速度增长，美国运动饮料的消费量占软饮料总消费量的 24%，我国为 14%。这说明运动饮料在我国同样有着巨大的市场前景。在运动饮料中添加大豆蛋白活性肽，正是适应了当代人及时补充运动消耗的各种营养素的需求，同时可起到提高机体免疫力、抗疲劳、快速恢复体力等保健作用。饮用添加大豆蛋白活性肽的运动饮料，能使饮用者在吸收各种营养成分的同时，减少对供能物质的摄入量，长期饮用可明显增强体力和耐力。还可使饮料中的其他微粒成分均匀地分布在溶液中，不易产生沉淀和分层现象。

五、活性肽在美容类食品中的应用

(一)皮肤衰老的表现

衰老是指随年龄增长机体发生的功能性和器质性衰退的渐进过程。皮肤位于体表,是最能显现机体衰老的组织。衰老皮肤在表皮的表现为细胞渐呈扁平,表皮与真皮交界平坦,表皮钉突变浅、减少,表皮与真皮结合不够紧密,皮肤易受外力损伤形成水泡。角质形成细胞(角阮细胞)增大,部分角化不全,轮廓较模糊,活力下降,细胞间连接疏松,水合能力下降。老年人皮肤含水量仅是正常青年人的75%,因此常表现为皮肤干燥。真皮结构的改变是皮肤衰老的主要原因。衰老真皮厚度变薄,密度降低。超声波或直接测量都提示20岁以后皮肤厚度呈线性减少,真皮层纤维细胞数量逐渐减少,胶原总含量每年减少1%,胶原纤维变粗,出现异常交联;同时,密度增大,不易被胶原酶所分解,胶原稳定性增加。衰老皮肤中Ⅲ型胶原基因表达降低,Ⅲ型胶原合成减少,而Ⅰ型胶原基因表达增加。一般婴儿及年轻人皮肤Ⅲ型胶原含量约占70%,Ⅰ型胶原占30%;当皮肤衰老时,两者比例逐渐倒置,胶原应力传导下降,抗剪切力减弱。真皮乳头层和网状层弹性纤维减少及退化,胶原纤维和弹性纤维排列也渐趋紊乱,引起皱纹、松弛及下垂。衰老皮肤的许多代谢酶类活性下降,透明质酸和硫酸盐类减少,对化学物质清除力下降;老化皮肤血管相对减少,微循环减弱,调节温度能力下降;皮肤朗格罕氏(Langerhans)细胞减少,免疫能力下降,易患感染性疾病。老化皮肤黑色素细胞数目明显下降,暴露于阳光下易受损伤;脂褐质明显增加,呈现出老年斑和其他局部色素性改变。老化皮肤皮脂腺与汗腺萎缩,分泌减少,出汗反应降低;皮肤表面的乳化物不足,角质层水合能力减弱,致使皮肤粗糙、干裂。

(二)皮肤衰老的机制

皮肤衰老是一个漫长而复杂的演变过程。关于皮肤衰老机制研究的类型比较多,有代表性的有:皮肤衰老基因调控学说、皮肤衰老的自由基学说、皮肤衰老的代谢失调学说、皮肤衰老的光刺激老化学说等。

1. 基因对皮肤衰老过程的调控

基因对皮肤衰老过程的调控机制十分复杂,包括许多调节序列,基因的增强和抑制因子,及其他因素引起的基因改变等,基因的特性影响着整个细胞的功能并调节着细胞的衰老进程。皮肤衰老主要是皮肤细胞染色体DNA及线粒体DNA中合成抑制物基因表达增加,许多与细胞活性有关的基因受抑制,及氧化应激对DNA的损伤而影响其复制、转录及表达的结果,故基因调控是皮肤及其细胞衰老的根本。另有研究证明:皮肤衰老与真皮胶原蛋白的含量和性质有关,随着年龄增加,控制DNA合成的抑制物增多,致使 rRNA、tRNA、mRNA 含量逐渐下降,蛋白质合成进一步减少,结果胶原量减少并老化。Speirnig 等证实了 DNA 复制与皮肤衰老直接相关,他们在皮肤成纤维细胞培养物中发现了 DNA 合成抑制因子,它通过抑制细胞 DNA 合成引起细胞复制速度减慢,错误率上升,最终导致基因突变。同时,随着年龄增加,细胞对 DNA 变异或缺损的修复能力下降,从而导致细胞衰老、死亡。

2. 皮肤衰老的自由基学说

Harman(1956)提出了衰老的自由基学说。自由基具有极强的氧化能力,可使生物膜中不饱和脂类发生过氧化,形成过氧化脂质,其中间产物丙二醛(MDA)是强的交联剂,与蛋白质、核酸或脂类结成难溶性物质,导致生物膜硬化,通透性降低,影响细胞物质交换,继而使之破裂、死亡。无论是生物机体代谢产生的自由基,还是物理辐射和化学物质产生的自由基,对机体内各种大分子都有损伤作用,但机体同时还存在着防护机制对抗自由基的损害:一方面是对损伤大分子的修复机制,如谷胱甘肽过氧化物酶,可随时使氧化变性的大分子还原恢复其功能;另一方面是清除机制,如体内的维生素 E,过氧化氢酶(CAT)是过氧化氢的清除剂,尤其是超过氧化物歧化酶(SOD),能有效清除超氧自由基。随着年龄增加,体内的这些抗氧化酶类减少,防护功能减退或发生障碍,因此自由基累积增加,造成皮肤细胞内各种大分子损伤,从而导致皮肤失去弹性、柔韧性,出现皱纹、干燥角化、无光泽和黑色素、脂褐素过量沉积。

3. 皮肤衰老的代谢失调学说

该学说认为生物机体的衰老其规律性是通过细胞代谢过程来表达的。研究证明:无论内在或外来因素导致的机体代谢障碍,均可促进细胞衰老而导致机体衰老。试验证明:改善动物的代谢功能,可延缓衰老的发生。年龄相关性抗氧化研究的重点在于抑制线粒体产生活性氧的能力,通过代谢途径给予富含抗氧化物质的饮食,能有效防止线粒体的氧化和后续级联反应。给老龄大鼠饲料中添加富含维生素 C、维生素 A、维生素 E 和抗氧化酶及各种微量元素的天然营养保健品,饲喂 35 d 后,发现大鼠皮肤和富含胶原蛋白的尾腱中是脯氨酸含量均显著升高,且可减少年龄相关性免疫紊乱、动脉硬化发生的危险。

4. 皮肤衰老的光刺激老化作用

裸露于体表的皮肤对日光中紫外线(UV)所造成的皮肤“光刺激老化”最为敏感。研究证明:光照作为一种刺激,在照射早期,成纤维细胞由合成胶原纤维转而合成弹性纤维;照射中期,网状纤维增生,新合成胶原纤维增多。又因为 UV 引起炎性浸润,浸润的单核巨噬细胞、中性粒细胞释放蛋白水解酶,使成熟胶原进一步减少。另外,真皮弹力纤维吸收 UA 发生弹力蛋白变性,纤维增粗,聚集成团,这样就呈现“光刺激老化”的增生表现。晚期则呈现“萎缩”状态。

(三)胶原蛋白肽在美容产品中的应用

胶原肽是胶原或明胶经蛋白酶降解处理后制成的,具有较高的消化吸收性,分子量小,拥有多种胶原蛋白所不具备的生物活性,是目前人们研究开发的热点,具有很高的营养特性和加工特性。摄食胶原肽可促进骨的形成,增强低钙水平下的骨胶原结构,从而提高了骨强度,即达到了预防骨质疏松症的作用;胶原肽可以作为新陈代谢剂来使用,促进生物体胶原生物合成,改善随年龄增长而导致的生物组织衰老和功能减退;胶原肽还对关节症等胶原病具有很好的预防和治疗作用;另外胶原肽还具有其他许多特殊的生理功能:如保护胃黏膜和抗溃疡作用,抗过敏作用,抑制血压上升作用,胶原肽中的一些特殊氨基酸还具有防癌作用等功效。

胶原蛋白肽可给予含有胶原蛋白的皮肤层所必需的养分,使皮肤中的胶原蛋白活性加强,保持角质层水分以及纤维结构的完整性,改善皮肤细胞生存环境和促进皮肤组织的新陈代谢,增进循环,达到滋润皮肤、延缓老化、美容、消皱、养发的目的。胶原蛋白肽具有独特的修复功能,胶原蛋白和周围组织的亲和性好,具有修复组织的作用。由于胶原蛋白肽中含有大量的亲水基,使之具有了良好的保湿功效,能够达到保持肌肤润泽度的目的。胶原蛋白肽分子量小,其不同肽段的肽链没有相互交联,而是呈线性结构,使得皮肤对胶原蛋白肽有很好的吸收作用。

化妆品中添加胶原肽,由于其具有良好的渗透性,可被皮肤吸收,填充在皮肤基质之间,使皮肤丰满,皱纹舒展,具有弹性。随着年龄的增长,皮肤的结构也在发生变化,老化的皮肤更容易干燥。鱼蛋白是一种可以口服的,由深海鱼类中精炼的鱼蛋白提取物,含有大量的粘多糖及丰富的胶原蛋白,被称为“吃的化妆品”。穆源浦等学者研究了鱼蛋白对人体皮肤水分、油分的调节作用,证实鱼蛋白具有保持皮肤水分的作用。胶原分子外侧亲水基团羧基与羟基等的大量存在,使胶原分子极易与水形成氢键,因此胶原蛋白及多肽具有良好的保水保湿性能。近年来研究表明,胶原肽具有明显改善与老化相关的胶原合成低下作用。动物试验也表明胶原多肽具有促进胶原合成,促进皮肤胶原代谢的作用。

胶原蛋白是皮肤组织的主要蛋白质成分,胶原是由成纤维细胞合成的,随着年龄的增加,成纤维细胞的合成能力下降,若皮肤中缺乏胶原蛋白,胶原纤维就会发生交联固化,使细胞间粘多糖减少,皮肤便会失去柔软、弹性和光泽,发生老化,同时真皮的纤维断裂、脂肪萎缩、汗腺及皮脂腺分泌减少,使皮肤出现色斑、皱纹等一系列老化现象。皮肤中胶原以Ⅰ型和Ⅲ型为主,它有很强的抗张性,儿童的皮肤以Ⅲ型为主,到了成年,皮肤以Ⅰ型为主,随着年龄的增长,交联键日益增多,胶原纤维亦越紧密,皮肤容易老化僵硬。另外,面部的皮肤,由于长期暴露在空气中,受到紫外线的照射,引起皮肤受损,使胶原纤维束失去其生理性的弹回性能而变直,导致皮肤松弛、干裂。

在国外,对胶原蛋白在美容方面的作用已进行深入的研究。其试验证明0.01%的胶原蛋白纯溶液就有良好的抗各种辐射的作用,且能形成很好的保水层,能提供皮肤所需要的全面水分。动物试验也表明,含有胶原蛋白的膏体涂皮肤后能有效地改善皮肤表皮和真皮结构,促进皮肤内胶原的合成。美容胶原肽是一种新型抗衰老美容材料。早在20世纪70年代初美国就率先推出注射用牛胶原,用于祛斑除皱纹及修复瘢痕,取得了令人满意的效果。人胶原是新一代生物美容材料,它是从健康人体(如胎盘)中提取的胶原蛋白,经化学纯化,不含细胞及组织相容性抗原,不会诱发抗体和免疫反应,从而更为安全。近年来,英美等国采用注射性胶原来整复面部软组织的各种损伤,如瘟疮痕、水症痕,衰老引起的面部皱纹或皱折。我国研制的这种胶原注射剂已广泛应用于美容界,在延缓皮肤衰老,重建受损肌肽等方面取得了良好的效果。美容胶原与人体组织的亲和性很好,有利于自身组织的修复再生。试验证明,当注射胶原蛋白几周后,体内成纤维细胞、脂肪细胞及毛细血管向注射的胶原蛋白内移行,组合成自身胶原蛋白,从而形成正常的结缔组织,使受损老化的皮肤得到填充和修复,达到延缓皮肤衰老的目的。

(四)胶原蛋白肽的作用机制

胶原蛋白在衰老过程中明显地出现了抗降解能力持续上升的现象。人类及动物的皮肤和肌脏等胶原组织中老年色素类荧光物质也随年龄增高而逐渐增多。在4 ℃下,大鼠皮肤、骨髓、肌脏、肌肉及人体皮肤中能被中性盐、乙酸和胃蛋白酶抽提出来的胶原蛋白的量随年龄增长而下降。胶原蛋白的热稳定性通常随年龄增长而提高,这已在大鼠、猪、人的皮肤及大鼠、小鼠的尾腱中得到证实。研究表明,随着人年龄增加,表皮细胞具有年龄相关的集落形成能力降低和对分裂原的反应性下降,细胞不能释放促细胞生长因子。另外,表皮基底层具有一种类似干扰素样物质可以抑制细胞增殖,成人对该物质的敏感性远较婴儿高,表明年龄相关的增殖能力降低是由于对分裂原的反应性降低和对生长抑制物的反应性增高综合作用的结果。真皮成纤维细胞逐渐丧失高亲和力的受体或信号传导能力降低,使其对外源性分裂原的反应丧失。研究发现表皮生长因子受体(epidermal growth factor receptor,EGFR)的数量与表皮增殖能力成正比,与分化程度成反比,衰老细胞EGFR相对较少,分化程度高,增殖能力较低。成纤维细胞在衰老过程中粘连蛋白及Ⅲ型胶原基因表达增加,而Ⅰ型胶原基因表达降低。基质金属蛋白酶(matrix metalloproteinases,MMPs)的主要作用是降解胶原及弹性蛋白等真皮组分,与其特异性抑酶(tissue inhibitor of MMP,TIMP)共同维持真皮结构。近年来有关二者与皮肤衰老的联系研究较多,MMPs分泌增加,或TIMP分泌减少均使胶原分子细胞内降解增加。随着年龄增加,在原胶原三螺旋之间的共价交联键形成的越来越多,Verzar由此提出了胶原蛋白衰老学说。衰老交联的确切机制及结构也一直是研究者们不断探讨与争论的对象。随着年龄增加,赖氨酸残基形成的分子间交联在各种组织的Ⅰ型胶原蛋白中出现,也出现羟赖氨酸与醛基羟赖氨酸形成氧胺基团的反应产物。这些二价交联又进一步反应生成更复杂的多功能的分子间交联。羟赖氨酸和醛基羟赖氨酸是由含铜的赖氨酸氧化酶对赖氨酸进行氧化脱氢生成的。对小鼠骨和大鼠及兔的肺脏的研究表明,赖氨酸氧化酶活性经历了前期的增长至最高值后,即开始随年龄增长而下降。Chio 和 Tappel 最早提出,多聚不饱和脂类的氧化释放了丙二醛(MDA)和其他活性羰基,它们又能与胶原蛋白等蛋白质反应,产生分子内和分子间交联。将含不饱和脂质的明胶膜暴露在紫外光和可见辐射下会发生胶原蛋白交联,若有自由基清除剂存在,则交联受抑制。Hichs 等学者的脂质过氧化损伤试验显示,大鼠尾腱胶原组织的热裂解时间延长,表明尾腱组织在过氧化脂质或 MDA 孵育下会加速胶原蛋白衰老的进程。印大中教授提出的羰基毒化衰老学说认为:羰氨反应是生物体内最典型的共性交联反应,这也就是老年色素的形成过程,这一过程在溶酶体中进行的结果为脂褐素的逐渐聚积。这个过程其他组织中也时刻都在进行,经年累月,造成结构蛋白的交联,功能蛋白的损伤。非酶糖基化(nonezymatic glycation,NEG)是指在无酶催化的条件下,还原性糖的醛基或酮基与蛋白质等大分子中的游离氨基发生反应,生成不可逆的高级糖化终末产物(AGEs)。随生物体的增龄,AGEs 在体内不断积累,能使相邻的蛋白质等物质发生交联,不仅影响这些物质的结构,也可造成生物学功能的改变。皮肤真皮富含胶原,占真皮结缔组织的95%。胶原代谢缓慢,其分子中含有较多赖氨酸和羟赖氨酸,二者中的 ε-氨基易于和细胞外液的葡萄糖发生非酶糖基化反应,其产物 AGEs 的累积引起胶原纤维形成分子间交联,从而改变其物理性质和生物学特性。一方面,胶原纤维的过度交联,降低了结缔组织的通透性,致使营养、气体及废物的扩散性能减弱,组织硬度增加。另一方面难以被胶原酶水解,降低其可溶性和韧性。这些变化会造成皮肤弹性下降,皱纹不易平复并不断加深,从而促进了皮肤的衰老过程。紫外线所诱发的皮肤老化可能与真皮蓄积 AGEs 也有关系,通过 AGEs 受体与蛋白质结合,引起细胞功能改变及氧化应激。自由基损害正常组织功能,破坏了基质正常组分,胶原合成下降,基质金属蛋白酶释放增加,使胶原降解大于合成。老年色素的形成过程包括氧化和糖基化两大生化副反应的主要内容,自由基和氧化造成的早期伤害大部分容易被生物体辨认、吞噬、降解、清除或修复,而羰-氨反应产生的后果,尤其是组织结构的老化往往难以修复,不易逆转,终身为患。总之,胶原蛋白在皮肤衰老过程中发生了一系列与年龄相关的变化。随着生物化学和分子生物学的发展,胶原蛋白肽的提取和制备技术的不断提高和完善,对皮肤衰老的机制得到进一步的认识,这为科研工作者运用胶原蛋白肽预防和延缓皮肤衰老提供了更广泛的思路和有效的途径。

六、活性肽在减肥类食品中的应用

(一)肥胖的现状及危害

肥胖症是指机体由于生理生化机能的改变而引起体内脂肪沉积量过多,造成体重增加,导致机体发生一系列病理生理变化的病症。一般在成年女性,若身体中脂肪组织超过30%即定为肥胖,在成年男性,则脂肪组织超过20%~25%为肥胖。近年来,肥胖症的发病率明显增加,尤其在一些经济发达国家,肥胖者剧增。即使在发展中国家,随着饮食条件的逐渐改善,肥胖患者也在不断增多。据世界卫生组织统计报道,目前全世界的超重人口总数已达到10亿,3亿人肥胖。而中国肥胖者也远远超过9 000万,超重者高达2亿。以中国目前人群中肥胖者的增长速度预测,未来10年中国肥胖人群将会超过2亿,正在迅速地赶上西方国家。2002年中国营养和健康调查数据显示,14.7%的中国人体重超标,2.6%的中国人属于肥胖。1985—2000年,在年龄为8~18岁的中国儿童及青少年中,体重超标和肥胖人数增加了28倍。

研究表明,肥胖与20多种疾病有关,如心脑血管疾病、糖尿病、肿瘤、胆囊疾病、呼吸功能障碍、性功能障碍、不育、骨关节病、肾病和内分泌疾病等。此外,肥胖还使人运动能力和耐力下降、寿命缩短等。肥胖是脂肪肝、高蛋白血症、动脉硬化、高血压、冠心病、脑血管病的基础。肥胖者比正常者冠心病的发病率高2~5倍,高血压的发病率高3~6倍,糖尿病的发病率高6~9倍,脑血管病的发病率高2~3倍。肥胖使躯体各脏器处于超负荷状态,可导致肺功能障碍(脂肪堆积、膈肌抬高、肺活量减小);骨关节病变(压力过重引起腰腿病);还可以引起代谢异常,出现痛风、胆结石、胰脏疾病及性功能减退等。肥胖者死亡率也较高,而且寿命较短,易发生骨质增生、骨质疏松、内分泌紊乱、月经失调和不孕等,严重时会出现呼吸困难。据报道,各个历史时期的最肥胖者的寿命都没有超过40岁。

肥胖对人们的伤害已经越来越严重。选择健康的生活方式以防止肥胖的发生,开发健康的具有减肥功能的保健食品,使肥胖和超重者进行有效的减肥,已成为人们关注的焦点。

(二)减肥功能检验方法

《保健食品检验与评价技术规范》中规定减肥功能的检验方法包括动物试验和人体试食试验。动物试验是以高热量的食物诱发动物肥胖,建立肥胖模型,再给予受试物,或在给予高热量食物的同时给予受试物(预防肥胖模型),观察动物体重、摄食量、食物利用率、体内脂肪重量及脂肪/体重比。试验组的体重和体内脂肪重量,或体重和脂肪/体重比低于模型对照组,差异有显著性,摄食量不显著低于模型对照组,可判定受试物动物减肥功能试验结果阳性。

人体试食试验的受试对象为单纯性肥胖人群，成人 BMI≥30 kg/m^2，或总脂肪百分率达到男>25%，女>30%的自愿受试者。儿童及青少年实测体重超过标准体重的20%。受试者食用样品35天（必要时延长至60天）后，观察体重、体内脂肪含量的变化及机体健康有无损害。

（三）生物活性肽在减肥产品中的应用

1. 大豆肽在减肥功能食品中的应用

大豆肽是指大豆蛋白经酶解或微生物技术处理而得到的水解产物，以3～6个氨基酸组成的小分子肽为主，分子量在300～1 000，近年来，大豆肽的保健功能越来越受到人们的关注，与大豆蛋白相比，大豆肽具有消化吸收率高，能降低胆固醇、降血压和促进脂肪代谢等生理功能，是当前国际食品界最热门的研究课题和极具发展前景的功能因子。

肥胖是由于过度能量摄入使机体生理机能改变，造成体内脂肪沉积量过多、体重增加而进一步引发一系列病理生理变化的病症。研究发现摄食蛋白质比摄食脂肪和糖类更能促进能量的代谢，因而在保证足够蛋白质摄入的基础上，将其余能量降至最低，可以在保证减肥者体质的前提下达到科学减肥的目的。大豆肽能够活化交感神经，引起脏器褐色脂肪功能的激活，阻止脂肪吸收和促进脂质代谢，使人体脂肪有效地减少，阻止脂肪吸收和促进脂质代谢，减少皮下脂肪。因此在保证足够肽摄入的基础上将其余能量组分降至最低，既可达到减肥的目的，又能保证减肥者的体质。

大豆肽的摄入保证了减肥者的氮平衡。由于肽在小肠的吸收性优于氨基酸，同时大大优于大分子的蛋白质，减肥患者通过改变机体代谢以利用贮存的脂肪，在减少脂肪摄入的同时，减少糖的摄入，促使体内的三羧酸循环，加快脂肪的利用以便供给机体能量。

动物试验和人群试验均证实，大豆肽具有减肥功能。小松龙夫等对儿童肥胖症患者进行治疗时，采取低热量饮食的同时以大豆肽作为补充食品时，比仅用低热量饮食时更能加速皮下脂肪的减少，加快因进食诱导的热量的增加，并能促进基础代谢的上升。荣建华等用不同剂量的大豆肽饲喂小鼠，发现大豆肽能加速腹部皮下脂肪的减少，且随着大豆肽摄入量的增大，皮下脂肪减少量也增大。Ishiharak 等人给小鼠在游泳过程中灌胃给予含有5%大豆肽的水溶液，小鼠附睾脂肪垫和周围脂肪的重量比对照组明显减少，而运动能力明显增强。有试验对添加各种蛋白质的食品摄取后产生的热量进行了比较，结果表明添加大豆肽的食品产热量最高，说明大豆肽比其他蛋白质具有更大的促进能量代谢的效果。由于大豆肽具有这样的特殊作用，因此可作为肥胖人群减肥的良好食品。

因大豆多功能肽易于吸收,能迅速利用,抑制或缩短了体内"负氮平衡"的副作用。在运动前或运动中,大豆肽的添加还可以减轻肌蛋白降解,维护体内正常蛋白质合成,及减轻或延缓由运动引发的其余生理方面的改变,达到抗疲劳的效果。同时可用于运动员体重控制,不仅能阻碍脂肪的吸收,而且还可促进"脂质代谢"。这对于从事对体重有特别要求的运动,如拳击、举重、摔跤等运动员的体重保持具有特别重要的意义。

2. 酪酪肽与减肥

酪酪肽(peptideYY)是一种由肠L细胞分泌的一种胃肠肽激素,与神经肽及膜多肽共同组成pp家族。酪酪肽对消化道有多重调节功能,包括影响消化道运动,抑制肠黏膜,刺激肠上皮细胞增生等。通过神经内分泌的途径或在消化道内直接与靶细胞的相应受体结合,再激发细胞内的一系列信号传导,从而完成其生理调节功能。

在循环系统中,酪酪肽以酪酪肽3~31和酪酪肽3~36两种形式存在,而且酪酪肽3~36可以顺浓度梯度通过血脑屏障。酪酪肽主要是通过Y受体发挥功能,Y受体是G蛋白偶联受体。进食后,酪酪肽释放进入血液循环,浓度不断上升,一两小时达到稳定状态并在这一水平持续保持上升趋势。多数研究都表明酪酪肽的浓度与摄入食物的卡路里成正比。研究发现,酪酪肽的浓度还与食物的成分有关。其释放受中枢调控,很可能是迷走神经的作用。

动物试验研究发现,酪酪肽能急剧降低啮齿类动物食欲。有报道给鼠注射酪酪肽,在给食组和非给食组发现24 h内食欲都降低。另有研究证实,腹腔注射酪酪肽3~36四到五小时后动物食欲明显被抑制。人体试验也证实酪酪肽3~36对人体也有抑制食欲的效果,给正常体质和肥胖患者静脉注射酪酪肽3~36两小时后,显示进食量减少了30%,在注射后24 h内总热量的摄入明显减少,在注射3 h后胃还没有排空。尽管患有肥胖症的受试者酪酪肽的水平低,但注射酪酪肽后对他们仍然有抑制食欲的效果。动物试验和人体试验均提示,提高血液中酪酪肽的浓度,就可以达到抑制食欲、减少进食,实现减肥的目的。

3. 胰高血糖素样肽-1受体激动剂与减肥

胰高血糖素样肽-1受体激动剂(exendin-4)是一种从Gila毒蜥蜴的唾液中提取的含39个氨基酸的多肽。

动物试验表明,应用exendin-4的动物体重明显低于对照组,但摄食量没有显著性差异,给药组动物肾周脂肪含量减少,说明exendin-4可能通过抑制脂肪细胞的增生从而影响脂肪的沉积。

第四章 活性肽的制备

第一节 常用活性肽制备方法

一、化学合成技术

(一)固相合成法

1963 年,美国人梅里菲尔德(Menifield)首次发明了固相多肽合成方法(SPPS 技术),这个在多肽化学上具有里程碑意义,一出现就由于其合成方便、迅速,成为多肽合成的首选方法,而且带来了多肽有机合成上的一次革命,并成为了一门独立的学科——固相有机合成(SPOS),梅里菲尔德也因此荣获了 1984 年诺贝尔化学奖。梅里菲尔德经过反复的筛选,最终摒弃了苄氧羰基(Z)在固相上的使用,首先将叔丁氧羰基(Boc)用于保护 α-氨基,并在固相多肽合成上使用,同时,他在 60 年代末发明了第一台多肽合成仪,并首次合成生物蛋白酶、牛膜核糖核酸酶(124 肽)。

1972 年,罗·卡皮诺(Lou Carpino)首先将 9-芴甲氧羰基(Fmoc)用于保护 α-氨基,其在碱性条件下可以迅速脱除,10 分钟就可以反应完全,而且由于其反应条件温和,迅速得到广泛应用,用这种方法为基础的各种肽自动合成仪也相继出现和发展,并不断得到改造和完善。同时,这一方法在固相合成树脂、多肽缩合试剂以及氨基酸保护基,包括合成环肽的氨基酸正交保护上也取得了丰硕的成果。

多肽合成其实就是一个重复添加氨基酸的过程,固相合成顺序一般是从 C 端向 N 端合成,主要的方法现阶段就上述两种方法:Fmoc 和 Boc。其中 α-氨基用 Fmoc 保护的称为 Fmoc 固相合成法,α-氨基用 Boc 保护的称为 Boc 固定合成法,现在多采用的是 Fmoc 法。

(1)去保护:Fmoc 保护的柱子和单体必须采用同一种碱性溶剂去除氨基的保护基团。

(2)激活和交联:下一个氨基酸的羧基被活化剂活化。活化的单体与游离的氨基反应交联,形成肽键。

上述两个步骤循环进行直到多肽合成完成。

(3)洗脱和脱保护:多肽从柱上洗脱下来,其保护基因用脱保护剂(如三氟乙酸,TFA)进行洗脱和脱保护。

以简单的二肽合成为例说明:氯甲基聚苯乙烯树脂作为不溶性的固相载体,首先将一个氨基被封闭基团保护的氨基酸共价连接在固相载体上。在三氟乙酸的作用下,脱掉氨基的保护基,这样第一个氨基酸就接到了固相载体上。然后氨基就被封闭的第二个氨基酸的羧基通过 N,N'—二环己基碳二亚胺(Dicyclohexyl carbodiimide,Dcc)活化,羧基被 DCC 活化的第二个氨基酸再与已接在固相载体的第一个氨基酸的氨基反应形成肽键,这样在固相载体上就生成了一个带有保护基的二肽。

重复上述肽键形成反应,使肽链从 C 端向 N 端生长,直至达到所需要的肽链长度。最后脱去保护基,用 HF 水解肽链和固相载体之间的酯键,就得到了合成好的肽。

固相合成的优点主要表现在简化并加速了各步骤的合成。由于最初的反应物和产物都是连接在固相载体上,因此可以在一个反应容器中进行所有的反应,避免了因手工操作和物料重复转移而产生的损失,也便于自动化操作;加入过量的反应物可以获得高产率的产物;固相载体上的肽链和轻度交联的聚合链紧密混合,彼此产生相互的溶剂效应,对多肽自聚集热力学不利,但对反应来说却非常适宜。

化学合成多肽现在可以在程序控制的自动化多肽合成仪上进行。梅里菲尔德成功合成了舒缓激肽(九肽)和牛胰核糖核酸酶(124 肽)。1965 年 9 月,中国科学家在世界上首次人工合成了牛胰岛素。

在控烟活性肽领域,采用固相合成法,将戒烟肽、修复肽、水解肽的肽链从 C 端向 N 端生长,生成控烟活性肽聚合液,此聚合液具有排毒戒烟、降低烟量、修复损伤、减少复吸、分解二手烟毒等五效合一的功能,可被活性 PP 激活,提高活性肽的效果,被称为控烟核弹。

固相合成法生产出来的肽较酶法生产出来的肽(酶法多肽)的最大劣势在于没有极强的活性和多样性。此外,固相载体上中间体杂肽无法分离,造成终产物的纯度不高。

(二)液相合成法

1953 年,维格诺德(Vigneaud)和他的合作者首次合成了催产素,所采用的方法就是液相合成法。经典的液相合成包括逐步合成和片段组合合成两种基本的途径。

逐步合成是指将氨基酸逐个加入到多肽序列中,直到多肽合成完毕。通常合成从C端开始(有时也可从N端开始,称为“反向多肽合成”)。以催产素的合成为例,其所有氨基酸都是以苄氧羰基和对硝基酚酯相匹配的形式逐步加到甘氨酸乙酯上,然后保护的中间体用溴化氢或水脱保护,羧端的乙酯在保护的三肽阶段转化为酰胺,保护的中间体可以用沉淀或用乙酸乙酯洗脱而得到纯化,Cys中的巯基通过苄基(苯甲基)保护,用钠或液氨除去苄氧羰基和苄基后,开链的九肽酰胺(催产素)用空气氧化环合,经过逆流分布纯制,就可以得到高生物活性的催产素。

鉴于使用逐步合成法提纯的难度,合成的多肽一般只有5个或者6个氨基酸长度,而且方法也比较烦琐,但同时也有操作简单、成本低的优点,所以目前在液相合成中使用的较为普遍。

片段合成法是在逐步合成发明之后的一个大的突破,为合成100个以上的氨基酸肽链提供了有效的方法,较逐步合成具有较易纯化的优点。片段合成法可分为叠氮法、DCC法、混合酸酐法、六甲基磷酰胺活泼衍生物法等。

总体来说,大多数的经典化学反应都是在溶液中进行的。液相反应的优点是:

(1)在溶液相合成中,可以使用先前所有的有机合成方法而没有任何的限制;

(2)反应物均一混合并且快速移动使得反应机会增加;

(3)在加热反应的例子中,热能通过溶液中的分子分散而被均匀转移;

(4)大量反应可以通过控制反应釜的大小和反应物的数量而实现;

(5)可以在每个步骤提纯并且分析反应化合物。

但同时液相合成也有缺点:

(1)在反应完成之后,需要的化合物和副产物都相互混合,需要溶液化学中的分离步骤;

(2)如果使用过量试剂以获得高产量,则需要提纯试剂;

(3)如果起始物质或副产物(或需要的化合物)易挥发或沉淀,则反应最后易分离;但若不是,则就需要一个比较困难的后处理工作——萃取或色谱,因此,液相合成的后处理过程通常需要更多的时间和精力;

(4)自动化液相合成由于提纯程序非常复杂,因而合成过程难以实现。

用此法生产出来的肽的最大劣势是缺乏活性和多样性。

二、分离提取法

分离提取法主要用于从人体的血液、组织、腺体中获得肽。其主要工艺流程如下。

(1) 溶解。由于肽源于蛋白,故应先将带有活性肽的蛋白质溶解。首先要进行细胞破碎和固液分离,这是全过程的第一步,也是肽分离纯化阶段的重要环节,它直接影响到产物的回收率和产物的纯度。

(2)匀浆。匀浆是使机体组织破碎的常用方法之一。它的工作原理是通过固体剪切力破碎组织和细胞,释放蛋白质或肽类进入溶液。匀浆器有刀片式组织破碎匀浆器、内切式组织匀浆器、玻璃匀浆器和用于规模生产的压匀浆器四种。

(3)超声波破碎。输入高能超声波破碎肽组织。其工作机理是,当强声作用于溶液时会产生气泡,气泡长大和破碎出现空化现象,空化现象引起冲击波和剪切力使细胞裂解。超声波破碎在处理少量样品时,操作简便,液量损失少,适用于试验应用。

(4)提取。提取是在分离纯化之前将经过预处理或破碎的细胞置于溶剂中,使被分离的生物大分子充分释放到溶剂中,并尽可能保持原来的天然状态,不丢失生物活性的过程。这一过程是将目的产物与细胞中其他化合物和生物大分子分离,即由固相转入液相,或从细胞内的生理环境转入外界特定的水溶液中。

蛋白质或肽类提取一般以水溶液为主,稀盐溶液和缓冲液对蛋白质或肽类的稳定性好,溶解度大,这是提取蛋白质或肽类的最常用的溶剂。用水溶液提取蛋白质或肽类时应注意盐溶变化、pH 值和温度等对提取蛋白或肽类的影响,必要时控制这些因素,以减少杂蛋白或肽类对被提取物的干扰。

一些与脂类结合较牢固、分子中非极性侧链较多的蛋白质或多肽,难溶于水和稀盐、稀酸或稀碱溶液中,这时就需用不同比例的有机溶剂来提取。常用的有机溶剂有乙醇、丙酮、异丙醇和正丁酮等。这些溶剂可以与水互溶或部分互溶,同时它们有亲水性和亲脂性,因此常用来提取含有非极性侧链较多的蛋白质或肽类。

另外还有分离纯化法、盐析法、高效液相色谱法(离子交换色谱、凝胶色谱法、反相高效液相色谱、亲和层析)、电泳法(毛细管区带电泳、毛细管等电聚焦电泳、毛细管凝胶电泳)等。

随着科技的发展,生产肽的方法也在不断发展。20 世纪五六十年代,主要是从动物脏器获取肽。如胸腺肽,然后用震荡分离的生物技术,将小牛胸腺中的肽震荡分离出来,制成胸腺肽针剂。这种胸腺肽主要用于人体免疫。目前,这种肽已处于淘汰状态。因现在世界上不时流行“疯牛病”,这种病毒主要吞噬动物大脑中的蛋白质,破坏其脑组织细胞及神经。人体一旦染上此病毒,比患上癌症还可怕,最终成为“植物人”或很快死亡。还有从血液中提炼出来的肽,副作用也很大,不仅容易使人体染上甲肝、乙肝、丙肝、丁肝、艾滋病毒、性病病毒等,而且易有排异过敏反应,这种反应一旦出现,生命就危在旦夕。

分离提取法生产出来的肽大多都做成了药或针剂,如胸腺肽、胸腺五肽、干扰素、白细胞介素Ⅰ、白细胞介素Ⅱ、白细胞介素Ⅲ、人血清白蛋白、免疫球蛋白、丙种球蛋白、肿瘤细胞坏死因子等,因其有排异过敏反应,所以只能在有病的时候使用,且必须在医生的监督下使用,一旦出现过敏,抢救不及时就会危及生命。

三、基因表达法

（一）基因表达法的翻译

翻译是蛋白质生物合成过程中的第一步，翻译是根据遗传密码的中心法则，将成熟的信使RNA(mRNA)分子中“碱基的排列顺序”(核苷酸序列)解码，并生成对应的特定氨基酸序列的过程。

翻译过程严格按照碱基互补配对原则进行。令DNA—RNA配对原则如下：

A(腺嘌呤)——U(尿嘧啶)；
T(胸腺嘧啶)——A(腺嘌呤)；
G(鸟嘌呤)——C(胞嘧啶)；
C(胞嘧啶)——G(鸟嘌呤)。

以mRNA作为模板，tRNA作为运载工具，在有关酶辅助因子和能量的作用下将活化的氨基酸在核糖体(亦称核蛋白体)上装配为蛋白质多肽链的过程，称为翻译。这一过程大致可分为三个阶段。

1.肽链的起始

在许多起始因子的作用下，首先是核糖体的小亚基和mRNA上的起始密码子结合，然后甲酰甲硫氨酰tRNA(tRNA fMet)结合上去，构成起始复合物。通过tRNA的反密码子UAC，识别mRNA上的起始密码子AUG，并相互配对，随后核糖体大亚基结合到小亚基上去，形成稳定的复合体，从而完成了起始的作用。

2.肽链延长

核糖体上有两个结合点——P位和A位，可以同时结合两个氨酰tRNA。当核糖体沿着mRNA从5'—3'移动时，便依次读出密码子。首先是tRNA fMet结合在P位，随后第二个氨酰tRNA进入A位。此时，在肽基转移酶的催化下，P位和A位上的2个氨基酸之间形成肽键。第一个tRNA失去了所携带的氨基酸而从P位脱落，P位空载。A位上的氨酰tRNA在移位酶和GTP的作用下，移到P位，A位则空载。核糖体沿mRNA5'端向3'端移动一个密码子的距离。第三个氨酰tRNA进入A位，与P位上氨基酸再形成肽键，并接受P位上的肽链，P位上tRNA释放，A位上肽链又移到P位，如此反复进行，肽链不断延长，直到mRNA的终止密码出现时，没有一个氨酰tRNA真核基因表达可与它结合，于是肽链延长终止。

3.肽链终止

终止信号是mRNA上的终止密码子(UAA、UAG或UGA)。当核糖体沿着mRNA移动时，多肽链不断延长，到A位上出现终止信号后，就不再有任何氨酰tRNA接上去，多肽链的合成就进入终止阶段。在释放因子的作用下，肽酰tRNA的酯键分开，于是完整的多肽链和核糖体的大亚基便释放出来，然后小亚基也脱离 mRNA。

从核糖体上释放出来的多肽需要进一步加工修饰才能形成具有生物活性的蛋白质，也就是译后加工的过程。翻译后的肽链加工包括肽链切断，某些氨基酸的羟基化、磷酸化、乙酰化、糖基化等。真核生物在新生肽链翻译后将甲硫氨酸裂解掉。有一类基因的翻译产物前体含有种氨基酸顺序，可以切断为不同的蛋白质或肽，称为多蛋白质。例如胰岛素（51 肽）是先合成 86 个氨基酸的初级翻译产物，称为胰岛素原，胰岛素原包括 A、B、C 三段，经过加工，切去其中无活性的 C 肽段，并在 A 肽和 B 肽之间形成二硫键，这样才得到由 51 个氨基酸类组成的有活性的胰岛素。

（二）基因表达法的优劣势

优点：成本降低可大规模生产。还可以生产一些原来只能靠提取得到的量极少且不能作为药品的产品。

缺点：有些具有极强活性和多样性的肽，用此技术还无法合成，还有一些产品一般为原材料需进一步加工才能成为成品。有些肽与化学合成特别是酶法蛋白质降解人工合成的肽相比，工艺复杂等。

四、酸碱等方法

（一）酸解法

酸解法就是利用用于食品工业的化学强酸催化（降解）食物大分子蛋白质。这种方法技术投资大，设备复杂，工艺烦琐，生产出来的肽分子量分布和氨基酸组成不稳定，因其分子量和氨基酸组成难以控制，无法确定其功能，因此此法在试验室做还可以，但无法实现工业化生产。

（二）碱解法

碱解法就是利用用于食品工业的化学强碱对动植物蛋白质进行催化（降解）。这种方法同酸解法大同小异，都是投资大，设备复杂，工艺烦琐，生产出来的肽分子量段分布不均、不稳定，无法确定其功能，很难实现批量生产。这种技术生产肽，一直是在试验室进行，未实现工业化生产。

（三）电解法及氢解法

电解法到目前为止可查的资料特别少，研究深度也不够，也未见实现工业化生产。另外，氢解法也未见任何研究成果及实现工业化生产的报道。

相对酶解法而言，酸解、碱解等方法催化蛋白质获得多肽的技术及产品的优势是催化速度快，获得的产品量大；劣势是投资大、占地多、工艺烦锁、所需设备多、建设时间长、回收投资时间长、废渣废水多、大气污染重、环境污染大。此法用化学酸、化学碱对蛋白质进行了改性（水解），在安全性上不如酶法产品，具体表现为：

（1）与化学反应的化学试剂残余是否有害；

（2）水解后产物是否安全。

这一系列“安全”问题非常复杂，在短期内很难诊断。除安全隐患以外，还存在一些问题。首先因酸碱化学物质性质较烈，水解出的多肽，可能会出现产品功能性质变化问题，一些功能性质可能会减弱或丧失。其次是营养损失。酸碱水解法，可能会造成赖氨酸失效，最终导致蛋白质营养价值的改变。再次是生产费用较酶法高。最后是多肽的感官体验问题。蛋白质本身没有苦味，但经酸碱水解的蛋白质往往会出现苦味。

第二节　新式活性肽制备方法

用生物酶催化蛋白质的方法称为酶法，用这种方法获得的多肽叫做“酶法多肽”。酶法多肽于20世纪被发现，是 α-氨基酸以肽链连接在一起而形成的化合物，是蛋白质水解的中间产物。

酶法多肽是以蛋白酶降解食物蛋白质获得的多肽。其中以蛋白酶对卵蛋白、乳蛋白、酪蛋白、鱼蛋白等动物蛋白降解获得的多肽居多，这些产品都有增强免疫的生理功能。

一、里程碑式的发现

酶法多肽一词最早出现于1996年。那一年，邹远东用生物酶催化蛋白质获得多肽取得了巨大成功。当年，《人民日报·海外版》对外报道了这一消息，引起了全世界的关注。之后的近20年，中国的主流媒体相继将邹远东作为中国自主创新的典型予以报道，如2006年《光明日报》以“邹远东与他创立的酶法多肽”为题，连续三天进行了专题报道；《科技日报》以“邹远东自主创新酶法多肽”为题，用整版8 000字的篇幅进行了报道；新华网、人民网、央视网、中国广播网、中国军网、中国科学院网、中国疾病控制中心网、《中国医药报》《中国知识产权报》均在突出位置重点报道了邹远东自主创新酶法多肽的事迹。酶法多肽为此而被大众广为知晓。

中国发明协会成果转化中心主任邹定国在清华大学代表中国发明协会介绍“酶法多肽”重大发明时说，“酶法多肽”重大发明是经中国科学院、中国工程院两院有关院士及科技部有关领导和中国发明协会等国内著名科技机构共同评审和推荐的新中国成立60年、中国发明协会成立25年来中国民间“四大发明”之一，他还说，“酶法多肽”重大发明是人类营养史上的一座里程碑。人类营养学、医学、生物学、食品科学一直都在研究、发现和认识人类新营养，以促进人类健康和长寿。就蛋白质工程来讲，人类研究蛋白质，实际上就是研究多肽。人类研究成的历史有一个多世纪，过去的研究主要表现在多肽激素，也就是多肽药物，其成果有干扰素、胰岛素、胸腺肽、人血清白蛋白、白细胞介素Ⅰ、白细胞介素Ⅱ、白细胞介素Ⅲ、免疫球蛋白、丙种球蛋白、白蛋白、肽肿瘤细胞坏死因子等，而这些都是从动物的腺体、血液、组织中得到的，且都是药物，只能用于病人，必须在医院中、在医生的监督下使用，这些产品都有不同程度的排异反应和过敏反应的风险。全世界的科学家都曾想，用平常人们食用的食物蛋白质为底物，用酸解、碱解、电解、酶解等方法，将食物蛋白质催化成动物体内肽样的小分子肽。

直到20世纪90年代中叶，也未曾成功过一例能实现小分子蛋白肽的工业化和产业化。身在当时号称“中国制药之王”的深圳南方制药厂的邹远东根据企业的“蓝海战略”，从企业经营管理转身投入生物肽研究。他在前人试验研究成果的基础上，根据自己的多学科认知和社会实践，大胆改革和创新，攻破了一个个工业化生产的难题，发明创造出世界上第一个用生物酶催化蛋白质获得的小分子活性肽。这项具有世界意义的重大发明，就是“模拟人体降解蛋白质模式，在人体外以工业化形式降解蛋白质，获得与人体降解蛋白质同样效果的小分子活性多肽”，为人类发现、发明和创造出蛋白质营养的“第三表现形式”。

过去的科学认为，人体吸收蛋白质主要是以氨基酸的形式吸收。因此，氨基酸成为20世纪人类蛋白质营养的“第二表现形式”。20世纪末，通过对这一领域的研究发现，动物吸收蛋白质主要是以小肽的形式吸收，其次才是以氨基酸的形式吸收。在对动物进行大分子蛋白喂养、解剖时发现：在动物小肠的近端，有大量的小肽集结；在动物小肠的末端，有少量的氨基酸集结。这表明，小肽和氨基酸在人体不同的部位被吸收，小肽在小肠的近端就被吸收，而氨基酸是在小肠的末端被吸收，过去的研究忽视了小肽吸收部位这一发现。这一重大发现丰富并改写了人体吸收蛋白质的主要是以氨基酸形式吸收的认知，给科学提供了新的认知，即人体吸收蛋白质主要是以小肽的形式吸收。试验中不仅发明了小分子活性肽，而且还发现了小肽在动物体的吸收部位、吸收特点、吸收速率和吸收率。

“酶法多肽”发明的重大意义在于，它给21世纪的人类提供了一种崭新的蛋白质营养。这种蛋白质营养肽不是普通意义的大分子蛋白质，也不是过去人们认知的蛋白质的“第二表现形式”——氨基酸，而是介于大分子蛋白质和氨基酸之间的一段最具活性的氨基酸链，它具有重要生物学功能，无须消化，直接吸收，吸收时不需要耗费人体能量，不需要人的肝脏合成，直接进入人体细胞，转化成蛋白质，发挥生理功能和生理活性。这种小分子肽经人食用后，可以以饱和的形式被人体完整吸收和全部利用，而不会被人体消化系统二次降解。这种小分子肽在进入人体时，可与人服食的钙及各种微量元素螯合而避免其流失，小肽可作为运输工具或载体，将人们所食的各种营养以自身的动力和运输功能输送到人体所需的部位，它还作为神经递质，在人体中起着“信使”的作用。

酶法多肽既没有多肽激素可能导致的排异和过敏反应，又没有酸解、碱解的化学副作用，它有着人体内源肽样的活性和功能，是人体内的蛋白质降解和蛋白质代谢的底物，也是形成人体蛋白质的重要物质。众所周知，人体除掉水，含量最多的营养物质就是蛋白质，没有蛋白质就没有生命，人体蛋白质和人体一切活性物质都是以肽的形式存在，人体若缺乏肽，人体的一切器官就不能正常运转，生命活动就不能进行。因此，肽是生命存在的形式，是生命之桥，人体若缺乏肽，就会出现亚健康、疾病，人体若是没有肽，生命也就终结。可见，肽对人体是多么重要，这也是“酶法多肽”重大发明的划时代意义，对人类健康具有深远影响。

二、酶法多肽的作用

(一)强身壮体

蛋白质占人体干重的45%，而且是组成人体的重要物质。人体内的蛋白质是怎么来的呢？食用食物中的大分子蛋白质，经人体唾液中的酶、胃蛋白酶、胰酶、淀粉酶、内肽酶，人体的酸性物质(胃酸)，碱性物质(胆汁)，还有一些辅酶(各种维生素、生物素、生物碱、肽生物酸)等进行降解(消化)，而变成小肽、氨基酸、蛋白胨，还有一部分没有降解彻底的大分子蛋白质。小肽直接被人体吸收，氨基酸通过肝脏合成肽，被人体利用，而蛋白胨和大分子蛋白质则被排出体外。

前面已经介绍，人体吸收蛋白质的主要形式是小肽。小肽被人体吸收后直接被人体细胞、血液和组织利用，而氨基酸被人体吸收后还要通过肝脏合成小肽，才能被人体细胞、血液和组织利用。小肽与氨基酸在人体内是两个不同的吸收机制，因此，小肽与氨基酸在人体内不会产生吸收竞争。小肽较氨基酸更易、更快地被人体吸收和利用，而且数据显示，其吸收率较氨基酸高26%。

(二)免疫功能

1. 营养免疫

由于外界和自身的某些原因，当今人体内蛋白质类营养缺失从而出现面黄肌瘦、免疫功能低下、抵抗力下降等不同程度的疾病。及时补充肽类物质成为人体健康的极大保证。

酶法多肽是一种具有极强活性的小分子蛋白。其蛋白分子量段在200～

1 000 Da 之间，均由 2 ~9 个氨基酸组成。食后不需消化，直接吸收，在小肠近端吸收后直接进入循环系统，被细胞组织利用。及时摄取多肽，可快速补充氮源，合成人体蛋白质，强壮免疫器官，增强免疫功能。

2. 生理免疫

酶法多肽在进入人体循环系统和组织后，能刺激机体的免疫系统发生特异性免疫反应。此类多肽进入人体后，可作为抗原，不需要 T 细胞的辅助就能直接刺激 B 细胞产生抗体。但多肽进入人体后，可诱导和促进 T 细胞分化、成熟；刺激 B 细胞产生并分泌免疫球蛋白（抗体）参与人体免疫反应；提高自然杀伤细胞（NK）活力，在无抗体参与的情况下，杀伤肿瘤细胞，发挥广谱抗肿瘤、抗感染作用，参与免疫调节；刺激 K 细胞，杀伤不易被吞噬的病原体，如寄生虫、恶性肿瘤细胞等；刺激 N 细胞的杀伤能力；刺激吞噬细胞的吞噬能力，提高其吞噬消化功能、分泌功能，参与免疫应答、免疫调节过程，并抗感染、抗肿瘤；增强红细胞免疫功能；提高白细胞介素 H（IL－2）的产生水平和受体表达水平；增强外周单核细胞 Y-干扰素的产生；增强血清中 SOD 活性；可显著增加淋巴细胞功能；能有效防止辐射和放化疗及空气、水、食物、环境污染导致白细胞的减少；能有效抑制肿瘤细胞的生长；可防止恶性肿瘤放化疗引起的 CD^{4+} 降低。

总之，酶法多肽是可食免疫剂，可全面增强人体免疫功能和免疫调节，是一种现代新型免疫剂，是现代免疫的珍品。

3. 抗辐射功能

人们日常生活中接触较多的有害辐射，一是电磁辐射，包括无线电波、紫外线、可见光、X 射线、γ 射线等；二是电离辐射，包括 X 射线、γ 射线、放射性元素、α 粒子、β 粒子等；三是一切能量在 12 V 以上的电子辐射；四是日常生活中的辐射源，如家用电器、电脑、手机、电线电缆、装饰材料等。

辐射对人体的危害主要有两个方面。一是原发危害，包括直接和间接危害。辐射直接作用于 DNA、核蛋白和酶类，使其发生电离、激发或化学键断裂，而引起分子变性和结构破坏；间接作用于水分子发生电离或激发，产生大量具有强氧化性的自由基，引起变性代谢紊乱产生大量毒素，破坏细胞组织，最终导致人体的一系列病变。二是继发危害，在原发危害的基础上，染色体发生畸变，基因移位或脱失，从而导致细胞核分裂抑制，产生病理性核分离或形成巨型细胞等，使酶失去活性，也引起广泛的组织细胞变化，使受辐射的人群易发生癌变和患上白血病。

酶法多肽具有抗辐射的作用，可减轻放射损伤，阻止血红蛋白和白细胞的减少，减轻核酸代谢障碍，保护造血器官，增加白细胞、血小板和血红细胞，清除放射性锶。所以它对处在放射性环境中的人群具有很好的保护作用。

三、酶法多肽的合成

酶法多肽合成的重要原料是酶。

酶法多肽是蛋白质工程、酶工程和生物工程三项技术结合而制造出的高科技产品。酶法多肽,首先提到的是酶。什么是酶?

首先,酶是一种具有特异活性,有催化特性的蛋白质。凡有生命的地方都有酶或都需要酶。酶和生命活动密切相关,它几乎参与了所有的生命活动和生命过程。

其次,酶是一种催化剂,而且是一种特殊的催化剂。酶和酸、碱或有机催化剂相比,其特点如下。

(1)酶是高效催化剂。一是能在温和条件下,如常温、常压和中性 pH 值条件下,大大加速反应;二是在可比较的情况下,其催化效率较其他类型催化剂高 107 ~ 1 013 倍。

(2)酶具有高的作用专一性。一种酶只能催化某一种或某一类反应,作用某一种或某一类物质。

(3)酶的化学本质是蛋白质。

最后,酶是生物催化剂。也就是说,它具有以下特点。

(1)所有的酶都是生物体产生的。

(2)酶和生命活动密切相关。酶参与了生物体内所有的生命活动和生命过程,它能消除有害物质,起保护作用,它能协同激素等生理活性物质在体内发挥信号转换传递和放大作用,调节生理过程和生命活动,它还能催化代谢反应,建立各种各样的代谢途径和代谢体系。

(3)酶的组成和分布是生物进化与组织功能分化的基础。

(4)酶能在各种水平上进行调节以适应生命活动的需要。

酶法,也称为酶解或蛋白质的酶法改性。酶解蛋白质所用的酶,大都是肽酶类。肽酶是分布极广的一类酶,分为动物蛋白酶和植物蛋白酶。动物蛋白酶通常以无活性的酶原状态存在,在生理活动需要时再活化,活化过程往往是借助其他蛋白水解酶或本身的作用,切除一部分肽键而完成的;植物蛋白酶,如木瓜、菠萝和无花果蛋白酶,它们在细胞可溶性蛋白中占很大比例,纯度相当高。

肽酶的作用方式可分为端(解)肽酶和内(切)肽酶,前者从肽链游离的羟基端或游离的氨基端切下末端氨基酸;后者切断蛋白质分子内部肽键,使蛋白质大分子变成小分子活性多肽。肽酶的适宜 pH 环境可分成中性、碱性和酸性。肽酶除能水解肽键外也作用于酯键、酰胺键,甚至还能催化转肽以及肽链的合成。

(一)胰酶法生产多肽

以前,科学家在试验室及试验工厂用此法较多。目前中国多肽产业风起云涌,出现“多肽热”,很多人纷纷进入肽领域,绝大多数的厂家都是用胰酶催化蛋白质生产肽。在所有的酶产品中,胰酶性烈,若掌握控制不好,催化食物蛋白技术不过关,则很难生产出性能稳定的产品。用胰酶生产肽,除了生产出的肽质量较差以外,也有一定的污染,主要是废气、废水污染。

(二)细菌酶法生产多肽

此酶法与胰酶法类似,若没有多年的研究功底和成熟的配方技术,则生产出来的肽的分子量、氨基酸组成、肽的活性等都较逊色。

(三)混合酶法生产多肽

这种酶不是由生产肽的企业配制,而是由生产酶制制剂的厂家配置。这种酶可能只适应一两种蛋白质催化,而不能适应多种动植物蛋白的催化。因为每种动植物蛋白中都有各自不同的分子结构和分子量段,所以必须根据各种不同的蛋白质,配制各种不同的酶,使它达到最佳催化度。

(四)植物蛋白酶法生产多肽

根据不同的蛋白质,用个性配方的复合或单体酶催化蛋白质是目前全世界生物学家、化学家、医学家等研究的重要课题;也是当今蛋白质降解、人工合成多肽的前沿技术。这个技术研究生产的代表是中国武汉九生堂生物工程有限公司。他们运用这一技术,将大豆分离蛋白降解(催化)成分子量段分布在 813 ~ 1 700 Da 之间的活性寡肽,创造了世界肽科学的奇迹。这种大豆寡肽被称为多肽中的“皇冠”。新华社、新华网、《光明日报》、光明网、《中国化工报》、《中国食品报》等 2 000 多家媒体都对此有过报道。2004 年,中国保健行业协会(简称中国保健协会)将其列为中国保健行业重大事件。植物蛋白质酶法降解的肽是口服液(也可称为食品),而不是针剂,它是从食物蛋白质酶切出来的,而不是转基因得来或从血液中提取出来的,从活性和功能多样性来看,都优于基因表达和化学合成的肽。

总之,世界科技的目光已将蛋白质合成转为蛋白质降解(2004 年,诺贝尔化学奖授予了发现人体细胞内蛋白质降解机制的两位以色列科学家和一位美国科学家)。我国也将生物催化列为国家“‘十一五’攻关计划项目”。蛋白质降解、生物酶催化已成为世界科技的热点和重点。

四、酶法多肽合成的特点及优势

目前世界上人工合成多肽的技术有十多种，如固相合成法、液相合成法、微生物发酵法、酸解法、碱解法、电泳法、动物脑腺分离法、植物提取法、克隆法、基因法等。但在工艺技术方面这些合成工艺方法的局限性，是导致其无法工业生产的主要原因。

而酶法在传统方法的基础上有所突破和创新，采用多种酶法技术，如用胰酶、细菌蛋白酶、枯草蛋白酶、淀粉酶、无花果蛋白酶、菠萝蛋白酶、木瓜蛋白酶、香蕉蛋白酶等酶催化(降解、水解、分解、酶切)蛋白质。既有单酶催化，又有多酶催化。实践中可根据蛋白质的不同性质和分子结构，分别采取单酶或多酶配方，对蛋白质进行有效、彻底的催化，获得品质好、肽分子链小、氨基酸组成合理、功效稳定、质量可靠的小分子活性多肽(分子质量大都在 1 000 Da 以下)。同时酶法获得的多肽具有极强的活性和多样性，具有重要的生物学功能，最易被人体吸收，可参与人体生理过程，参与人体的神经、激素内分泌系统和循环系统，对人体健康起着重要的作用。

酶法多肽模拟人体合成多肽模式，用生物酶催化蛋白质获得多肽，适应了低碳经济和绿色环保的要求，较酸法、碱法、电法温和、环保。生产工艺简单，投资少、见效快，适宜工业化生产。

肽酶酶解蛋白质往往是在温和的条件下进行的，它的主要优势如下。

(1)酶解不减少蛋白质营养价值。

(2)可增加原食品蛋白质所不具备的营养特性。

(3)可保持多肽营养纯天然绿色属性，不含任何外源化学物质。

(4)酶解出来的多肽，没有任何苦味和异味。

(5)酶解出的多肽不会引起过敏。

(6)改善原食品蛋白质的一些过敏原，并可增加原食品蛋白质没有的重要的生物学功能。

(7)可有效控制多肽的分子量段。

第三节　合成多肽的检测验证

由氨基酸组成的多肽数目惊人，情况十分复杂，由 100 个氨基酸聚合成线形分子，可能形成 20 100 种多肽。仅由 Gly、Val、Leu 三种氨基酸就可组成六种三肽。因此，多肽结构的确定，尤其是长链多肽结构的确定是一个相当重要也相当复杂的工作。纯的、单一的多肽，是保证肽结构确证的前提条件。

一、多肽的结构分析方法

(一)质谱

经典的多肽测序方法包括N末端序列测定的化学方法,如Edman法、C末端酶解方法及C末端化学降解法等,这些方法都存在一定缺陷。例如作为多肽和蛋白质序列测定标准方法的N末端氨基酸苯异硫氨酸酶(phenylisothiocyanate,PITC)分析法(即Edman法,又称PTH法),测序速度较慢(每天50个氨基酸残基);样品用量较大(nmol级或几十pmol级);对样品纯度要求很高;对修饰氨基酸残基往往会产生错误识别,而对N末端保护的肽链则无法测序。C末端化学降解测序法则由于无法找到PITC这样理想的化学探针,仍面临着很大的困难。在这种背景下,质谱(mass spectrometry,MS)由于具有较高的灵敏度、准确性、易操作性而备受关注。

MS用于多肽序列测定时,灵敏度及准确性随分子量增大而明显降低,所以采用MS进行多肽序列分析比蛋白质简单,许多研究均是以多肽作为分析对象。近年来随着电喷雾电离质谱(electrospray ionisation,ESI)及基质辅助激光解吸质谱(matrix-assisted laser desorption/ionization,MALDI)等质谱软电离技术的发展与完善,使极性大分子多肽的分析成为可能,检测限可达fmol级,可测定的分子量范围则高达100 kDa。目前MALDI已成为测定生物大分子尤其是蛋白质、多肽分子量和一级结构的有效工具。

(二)核磁共振

由于信号的纯数字化、重叠范围过宽(由于相对分子质量太大)和信号弱等,核磁共振(nuclear magnetic resonance,NMR)图谱在多肽的分析中应用较少。随着二维、三维以及四维NMR的应用,分子生物学、计算机处理技术的发展,NMR才逐渐成为多肽分析的主要方法之一。NMR可用于确定氨基酸序列及定量混合物中的各组分含量等,但应用于多肽分析中仍有许多问题需要解决,例如,如何使分子量大的多肽有特定的形状而便于定量与定性分析,如何缩短数据处理的时间等。这些问题均有不少学者在进行研究。NMR在分析含少于30个氨基酸的多肽时比较有效。

最近的超高场超导磁铁的建造已将NMR研究的分子质量范围扩展到100 kDa以上。如此大的蛋白质分子,其NMR谱常遇到谱带增宽的问题,Wuthrich等研究的横向弛豫优化光谱法(transversal relaxation-optimized spectroscopy,TROSY)为此提供了解决方法。

(三)红外光谱

红外光谱是鉴定有机化合物结构的重要方法,具有样品用量小和不需要高纯晶体等特点。用红外光谱法研究多肽等的结构、构象,能反映与正常生理条件(水溶液、温度、酸碱性等)相似的情况下的生物大分子的结构变化信息,这是用其他方法难以做到的。

用傅里叶变换红外光谱方法研究蛋白质和多肽二级结构,主要是对红外光谱中的酰胺I谱带(氘代后,称酰胺I'谱带)进行分析。酰胺I谱带为α-螺旋、β-折叠、无规则卷曲和转角等不同结构振动峰的加合带,彼此重叠,在1 620~1 700 cm^{-1}范围内通常为一个不易分辨的宽谱带。目前常应用去卷积、微分等数学方法,对加合带中处于不同波数的各个吸收峰进行分辨,最后经谱带拟合,获得各个吸收峰的定量信息。

红外光谱可用于监测酰胺质子的交换速率。暴露于表面的质子比处于中心的质子H/D交换要快得多。内部伸缩区或参与二级结构形成的酰胺质子交换速率为中等。它可以提供多肽或蛋白质的所有氨基酸残基的信息。

(四)紫外光谱

在研究生物大分子的溶液构象时,紫外—可见吸收光谱是十分重要的方法。它对测定样品没有特殊要求,只需处于溶液状态即可,因此紫外光谱在探索生物大分子结构与功能的关系方面可获得有意义的信息:蛋白质在紫外光范围内(250~300 nm)的光吸收主要是由于芳香族氨基酸Trp及Tyr,其次是Phe和His的电子激发引起的。

(五)圆二色谱

多肽多为手性分子,试验室主要采用圆二色谱(circular Dichroism spectra,CD)研究分子的立体结构、反应动力学及在溶液中的构象变化等。CD谱具有UV分析相同的精密度,但比UV的灵敏度高,而且在UV谱中的重叠的峰在CD谱中也有可能分开。

CD的测定通常是分子椭圆度[θ]的测定,它表示该物质由于分子的光学不对称性而对左、右图偏振光有不同程度的吸收。根据Cotton效应,[θ]值只在吸收峰有较大的值,并且与吸收峰波长位置相对应,而多肽的紫外吸收光谱主要有两个吸收峰,在280 nm处的吸收峰由芳香族侧链引起(主要是Tyr,Trp,Phe)。但在波长约低于230 nm时,不但有其他氨基酸侧链的电子跃迁,还有肽链骨架本身电子位移的跃迁所引起的吸收,因而通过对这二区域的CD研究可以分析多肽主链的构象。

（六）X 射线晶体学

X 射线晶体学方法是迄今为止研究蛋白质结构最有效的方法，所能达到的精度是任何其他方法所不能比拟的。其缺点是蛋白质/多肽的晶体难以培养，晶体结构测定的周期较长。X 射线衍射技术能够精确测定原子在晶体中的空间位置；中子衍射和电子衍射技术则用于弥补 X 射线衍射技术的不足。生物大分子单晶体的中子衍射技术用于测定生物大分子中氢原子的位置；纤维状生物大分子的 X 射线衍射技术用于测定这类大分子的一些周期性结构，如螺旋结构等；电子显微镜技术能够测定生物大分子的大小、形状及亚基排列的二维图像；它与光学衍射和滤波技术结合而成的三维重构技术能够直接显示生物大分子低分辨率的三维结构。

除上述方法之外，场解析质谱、生物鉴定法、放射性同位素标记法及免疫学方法等都已应用于多肽类物质的结构鉴定、分析检测之中。

二、多肽的一级结构确证

多肽的一级结构是指肽链中氨基酸的种类、数量及序列。一级结构的测定主要是了解组成多肽的氨基酸种类、各种氨基酸的相对比例并确定氨基酸的排列顺序。

（一）氨基酸定性及定量分析

已经纯化的多肽的氨基酸组成可以进行定量测定。首先通过酸水解破坏多肽的肽键，典型的酸水解条件是：真空条件，110 ℃下用 6 mol/L 盐酸水解 16 ~ 72 h。然后将水解的混合物（水解液）进行柱层析，通过柱层析可以将水解液中的每一个氨基酸分离出来并进行定量，这一过程称为氨基酸分析（amino acid analysis）。其分析流程见图 4-1。

$$\text{多肽}\xrightarrow[H_2O]{HCl}\text{氨基酸}\xrightarrow{\text{层析法分离}}\text{各种氨基酸}\longrightarrow\text{各种氨基酸含量}$$

图 4-1　氨基酸定量分析流程图

肽酶混合物也可用于完全水解肽。在酸性水解条件下，多肽溶于 6 mol/L 盐酸并密封在真空管中以最大限度地减少特殊氨基酸的水解。Trp、Cys 和脱氨酸对氧尤为敏感。为完全游离脂肪氨基酸，有时需要长达 100 h 的水解时间。但在如此强烈的条件下，含羟基的氨基酸（Ser、Thr 和 Tyr）会部分降解，大部分 Trp 被降解。而且 Gln 和 Asn 会转化为 Glu 和 Asp 的氨盐，因此只能确定各混合氨基酸的含量，如 Asx（ = Asn + Asp）、Glx（ = Glu + Gln）和 NH_4^+ =（Asn + Gln）。Trp 在碱性水解时大部分不会被破坏，但会引起 Ser 和 Trp 的部分分解，Arg 和 Cys 也可能被破坏。从灰色链霉菌得到的相对非专一性的肽酶混合物链霉蛋白酶常用于酶解。但肽酶的用量不应超过被水解多肽重量的1%，否则，酶自身降解的副产物可能污染终产物。

（二）端基分析

1. N 端氨基酸分析

1）苯异硫氨酸酶（PITC）法—艾得曼（Edman）降解法

在测定 N 端氨基酸的方法中，Edman 降解法是最通用的途径。本方法的特点是：除多肽 N 端的氨基酸外，其余氨基酸会保留下来，可连续不断地测定其 N 端氨基酸。

多肽与 PITC 反应时，N 端氨基对试剂进行亲核性进攻，生成多肽的苯基氨酰衍生物。该试剂用酸处理时，分子内键断裂，生成 N 端氨基酸的衍生物，多肽的其余部分完整保留。利用色谱分析即可确定 N 端残基。依次循环，可不断地确定新的 N 端氨基酸，直至所有的氨基酸被测定。蛋白质测序仪即是基于这种原理设计的，如图 4-2。

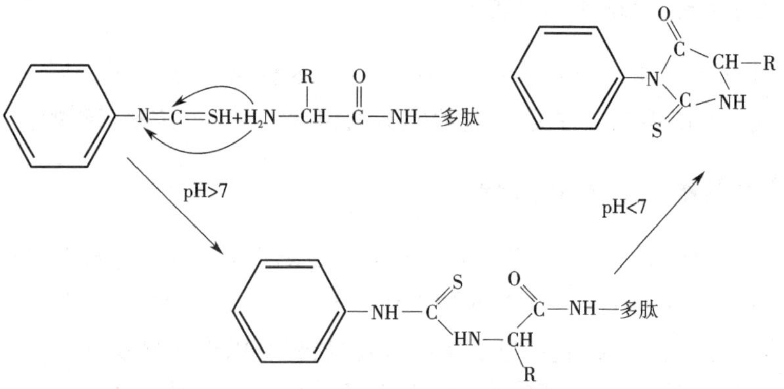

图 4-2　艾德曼（Edman）法流程图

2）2，4-二硝基氟苯法——桑格尔（Sanger）法

除 Edman 降解法以外，最常用是 Sanger 法。Sanger 于 1945 年发明了这种试剂，并用来测定蛋白质的结构，1955 年报道了其在胰岛素的结构测定中的应用，由于这一贡献，他荣获了 1958 年的诺贝尔化学奖。在 Sanger 法中，2，4-二硝基氯苯与氨基酸 N 端氨基反应后，分离出 N 二硝基苯基氨基酸，用色谱法分析，即可确定 N 端氨基酸。但用该方法测定时所有的肽键都会被水解·无法按顺序依次测定。该方法流程如图 4-3 所示。

3）丹磺酰氯法

该方法采用丹磺酰氯酰化多肽的 N 端氨基；水解多肽衍生物中的酰胺键，可以不破坏 N 端氨基与试剂生成的键；用色谱分析即可确定 N 端氨基酸。该方法同 Sanger 法一样，为了测定一个端基，必须破坏所有肽键。

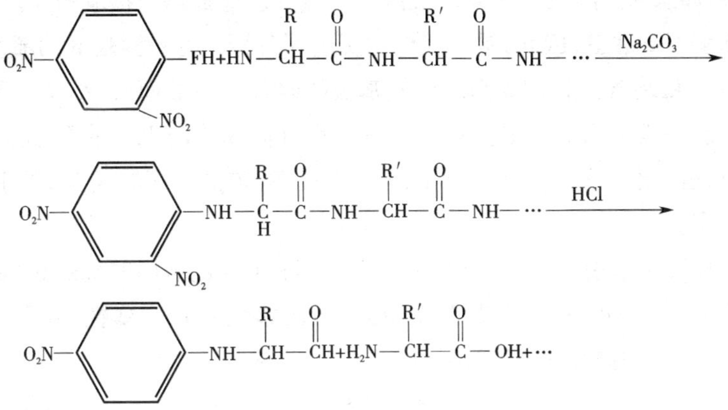

图 4-3　桑格尔(Sanger)法流程图

2. C 端氨基酸分析

1)多肽与肼反应

所有的肽键(酰胺)都与肼反应而断裂成酰肼,只有 C 端的氨基酸有游离的羧基,不会与肼反应生成酰肼。换言之与肼反应后仍具有游离羧基的氨基酸就是多肽的 C 端氨基酸。因此可用于 C 端氨基酸测定。

2)羧肽酶水解法

在羧肽酶催化下,多肽链中只有 C 端的氨基酸能逐个断裂下来.然后可以进行氨基酸测定。该方法的不利之处在于,酶会不停地催化水解,直到肽键完全水解为组分氨基酸。与 Edman 降解法不同,虽然该法可以完成小肽的分析,但是每步不易控制。

(三)肽链的选择性断裂及鉴定

上述测定多肽结构顺序的方法,不适用于分子量大的多肽。大分子多肽的序列测定,需将多肽用不同的蛋白酶进行部分水解,使之生成二肽、三肽等碎片,再用端基分析法分析各碎片的结构,最后比较各碎片的排列顺序进行合并,推断出多肽的氨基酸序列。

胰蛋白酶在 Lys 和 Arg 肽键的羧基端裂解,因此获得 C 端为 Lys 或 Arg 的片段。原则上,可以用任何默化试剂封闭 Lys 的 ε 氨基,将裂解限制在 Arg 肽键。当用柠康酐和三氟乙酸乙酯作为保护基时,经吗啡啉或非常温和的酸处理即可使 Lys 侧链游离出来,用于第二次胰蛋白酶酶解。另外,Cys 可被 β-卤代胺,如 2-溴乙胺烷基化,得到带正电荷的残基可用于胰蛋白酶裂解。

与胰蛋白酶不同,凝血酶更具专一性,只能裂解有限的 Arg 肽键。但有时水解很慢而导致底物不完全降解。从厌氧菌溶梭状芽孢杆菌提取的梭菌蛋白酶能选择性水解 Arg 肽键,而水解 Lys 肽键的速度很慢。从金黄色葡萄球菌提取的 V8 蛋白酶可高度专一性水解 Glu 肽键,因此,被广泛应用于序列分析。专一性较低的廉蛋白酶降解可得到另一些 C 端含芳香性或脂溶性氨基酸的碎片。一般而言,小肽片段太多不利于大分子多肽一级结构的确定。其他专一性的内肽酶,如木瓜蛋白酶、枯草溶菌素或胃蛋白酶也是如此,但这些酶在分离侧链含二硫键、磷酸丝氨酸或糖基的肽片段方面具有重要作用。

对于选择性化学裂解,BrCN 和 N-溴代丁二酰亚胺是通用的优选试剂。用 BrCN 在酸性条件下(0.1 mol/L 盐酸或 70% 甲酸)处理能使蛋白质变性,并促使 Met 形成一个肽基高丝氨酸内酶,释放氨酸基肽。

Trp 是另一个在多肽中较少见的氨基酸。因此,Trp 肽键的断裂也可形成较大的多肽片段。N-溴代丁二酰亚胺不仅裂解 Trp 肽键,也裂解 Tyr 肽键。2-(2-硝基苯基-亚磺酰基)-3-甲基吲哚和 N-溴代丁二酰亚胺原位生成的 2-(2-硝基苯基-亚磺酰基)-3-甲基-3-溴甲吲哚或 2-亚碘酰基苯甲酸,对 Trp 肽键断裂更具选择性。

以下为肽链的选择性断裂及鉴定的实例:

例:某八肽的氨基酸序列测定。

完全水解后,经分析氨基酸的组成为:Ala、Leu、Lys、Phe、Pro、Ser、Tyr 和 Val。

端基分析:N 端 Ala……………………LeuC 端

糜蛋白酶催化水解:分离得到 Tyr,一种三肽和一种四肽。

用 Edman 降解分别测定三肽、四肽的顺序,结果为 Ala-Pro-Phe、Lys-Ser-Val-Leu。

由上述信息可知,该八肽的氨基酸序列为:Ala-Pro-Phe-Tyr-Lys-Ser-Val-Leu。

(四)二硫键的裂解

二硫键的定位通常在氨基酸序列分析的最后一步进行。分离二硫键连接的肽链.需要对二硫键进行裂解,但同时也会破坏二硫键所稳定的多肽的构象。多肽的水解应在二硫键交换最少的条件下进行。还原或氧化可裂解分子间或分子内二硫键。

用过甲酸氧化能将所有 Cys 残基氧化为磺基丙氨酸。因为磺基丙氨酸在酸碱条件下都稳定,因此可用来定量 Cys 残基的数量。但 Met 残基氧化为甲硫氨酸亚砜和砜,以及 Trp 侧链的部分降解是这一方法的最大弱点。使二硫键还原、断裂常用过量的硫醇如 2-巯基乙醇,1,4-二硫赤藓糖醇(cleland 试剂)处理,产生的游离硫醇基通过碘乙酸的烷基化作用封闭,以阻止其在空气中再次氧化。

三、合成多肽的纯度检查

多肽纯度检查通常采用反相高效液相色谱(RP-HPLC),后来毛细管电泳(CE)也逐渐成为多肽药物分析的通用工具。由于分离机制不同,毛细管区带电泳(CZE)

被认为是 RP-HPLC 的良好补充。CZE 是根据多肽片段的质荷比(mass to charge ratio)对其进行分离,而 RP-HPLC 是根据多肽的疏水性差异进行分离。疏水性差异小不能用 RP-HPLC 分离的多肽,可以根据质荷比的不同,用 CZE 分离。因此,在 RP-HPLC 中显示比较纯的多肽峰,在 CZE 中往往会出现多重峰,而且,CZE 仅需要极少量样品即可进行检测。因此,几乎所有的样品都可以用于后续的序列分析。

Ridge 和 Hettiarachchi 报道了用 CZE 分离缓激肽及在不同 pH 条件下(pH2.5、3.5 和4.5)得到的杂质。当磷酸缓冲液的 pH 从2.5 升到4.5 时,从缓激肽主峰分离出了很多杂质,而用 HPLC 法并没有发现。在 Chen 等报道的多肽纯度检查中 CZE 也显示了相似的优势。

四、合成多肽生物学效价的测定

一般的合成短肽结构简单,没有空间构象的影响,可以不设活性效价检测项目。也有些合成多肽具有可测定的生物学或免疫学特性。在某些情况下,效价测定可能是对稳定性评价的一个较好的指标,也可采用与稳定性相关性更好的新分析方法。

第五章 典型活性多肽酪啡肽的研究与制备

第一节 酪啡肽的结构特征与生理功能

一、阿片类生物多肽

阿片肽类是最早在酪蛋白酶解产物中被发现的生物活性肽，也是目前研究最深入的一类，分为内源性阿片肽和外源性阿片肽两大类型。内源性阿片肽是存在于人体脑、神经末梢的吗啡样作用物质，它们能在体内合成，作为激素和神经递质与体内的 μ、δ、κ 受体相互作用，其特征是 N 末端具脑啡肽序列（Tyr-Gly-Gly-Phe-Met/Leu），具有镇痛、镇静、调节人体情绪、呼吸、脉搏、体温、消化系统及分泌等作用，如脑啡肽、内啡肽和强啡肽等。

外源性阿片肽是存在于外源性食物中，其阿片活性同吗啡一样能被纳洛酮所逆转的物质，它们可刺激胰岛素和消化道生长抑素的分泌、调节动物行为、促进肠道吸收水分和电解质、调节消化道运动、刺激摄食、抑制呼吸和调整睡眠模式。

外啡肽具有一些共同的结构特征，它们的氨基末端均具有 Tyr 残基（α-酪啡肽除外）而且在第三或第四位上还有其他的芳香族氨基酸如 Phe、Tyr 的出现，这种结构特点对于类吗啡活性肽与体内受体位点的结合非常重要。本文研究的 β-酪啡肽就是外源性阿片肽的一种。具有阿片活力的内啡肽和乳源外啡肽见表 5-1。

表 5-1 具有阿片活力的内啡肽和乳酪啡肽

Table5-1 Endogenous Opioid Peptides and Milk Protein-derived Peptides with Opioid-like

Pepitid	Amino acid sequence	Precursor/Source
Leu-enkephalin	Tyr-Gly-Gly-Phe-Leu	Proenkephalin A
Mel-enkephalin	Tyr-Gly-Gly-Phe-Met	Proenkephalin A

续表

Pepitid	Amino acid sequence	Precursor/Source
β-Endorphin	Tyr-Gly-Gly-Phe-Met-Thr-Ser-Glu-Lys-Ser-Gin-Thr-Pro-Leu-Lle-Lle-Lys-Asn-Val-His-Lys-Gly-Gin	Proopiomelanocortin
Dynorphin A	Tyr-Gly-Gly-Phe-Leu-Arg-Arg-Lle-Arg-Pro-Lys-Leu-Lys-Leu-Lys-Trp-Asp-Asn-Gln-OH	Prodynorphin
Nociceptin/Orphanin FQ	H_2N-Phe-Gly-Gly-Phe-Thr-Gly-Ala-Arg-Lys-Ser-Als-Arg-Lys-Leu-Ala-Asn-Gln-COOH	Pronociceptin
β-Casomorphin-11	Tyr-Pro-Phe-pro-Gly-pro-lle-Pro-Asn-Ser-Leu	β-Casein
β-Casomorphin-7	Tyr-Pro-Phe-Pro-Gly-Pro-lle	β-Casein
β-Casomorphin-5	Tyr-Pro-Phe-Pro-Gly	β-Casein
β-Casomorphin-4	Tyr-Pro-Phe-Pro	β-Casein
α_{s1}-Exorphin	Arg-Tyr-Leu-Gly-Tyr-Leu-Glu	α_{s1}-Casein
α_{s1}-Exorphin	Arg-Tyr-Leu-Gly-Tyr-Leu	α_{s1}-Casein
Casoxin A	Tyr-Pro-Ser-Tyr-Gly-Leu-Asn-Tyr	κ-Casein
Casoxin B	Tyr-Pro-Tyr-Tyr	κ-Casein
Casoxin C	Tyr-lle-Pro-lle-Gln-Tyr-Val-Leu-Ser-Arg	κ-Casein
Casoxin D	Tyr-Val-pro-Phe-Pro-Phe	α_{s1}-Casein
α-Lactorphin	Tyr-Gly-Leu-Phe	α-Lactalbumin
β-Lactorphin	Tyr-Leu-Leu-Phe	β-Lactoglobulin

二、酪啡肽的发现

酪啡肽的发现同内源性阿片肽的发现几乎是相伴而生的。1979 年脑啡肽的发现轰动了整个科学界,同年 Brantl 等首先报道豚鼠在饲喂一种酪蛋白酶解制剂时,其回肠纵行肌毛细血管中存在一种呈阿片肽活性的物质，它是含有7个氨基酸残基的寡肽[Tyr-Pro-Phe-Pro-Gly-Pro-Ile]，为β-酪蛋白第60～66氨基酸残基片段，命名为β-酪啡肽-7（β-Casomorphin-7，β-CM-7），它与μ型受体具有良好的亲和力，并呈现出阿片肽类所具有的特征。很快人工合成了β-CM-7和它的同系物β-CM-6，β-CM-5，β-CM-4，并证明β-CM-5（Tyr-Pro-Phe-Pro-Gly）在豚鼠回肠中具有最强的阿片活性。随后证明牛α-酪蛋白第90～96氨基酸残基片段[Arg-Tyr-Leu-Gly-Tyr-Leu-Glu]也具有阿片活性，并证明人的β-酪蛋白的第51～57氨基酸残基片段[Tyr-Pro-Phe-Va-Glu-Pro-Ile]排列顺序与牛的β-CM-7相似，其阿片活性比牛β-CM-7低4～5倍。Meisel等从饲喂牛酪蛋白的微型猪空肠食糜中分离得到一个阿片肽，称β-CM-11，为β-酪蛋白第60～70氨基酸残基片段。

三、酪啡肽的结构特征

β-酪啡肽的一级结构与β-酪蛋白上第60个氨基酸到第70个氨基酸残基相对应。一般来讲，从含3个氨基酸到含7个氨基酸的小肽均称为β-酪啡肽，7个以上则称β-酪啡肽前体。从N端起的七个氨基酸序列在牛、羊、人上保守（ N’-Tyr-Pro-Phe-Pro-Gly-Pro-Ile）此肽段称为β-酪啡肽-7（β-CM-7）。研究结果表明：对于所有不同数量氨基酸残基的酪啡肽，要保持其生物活性，N-末端Tyr-Pro-Phe-氨基酸结构不能改变，N端的酪氨酸残基决定阿片活性（诸如强啡肽、内啡肽、脑啡肽这些阿片肽的N端均为酪氨酸残基）。所有类型的酪啡肽都是β-CM-11的C-末端丢掉一或多个氨基酸残基形成的。

β-CMS可以和β型阿片受体、δ型阿片受体结合，但与β型受体亲和力高于后者。β-CMS中β-CM5对β型受体亲和力最强。蛋白晶体分析表明，μ受体和δ受体的效应基团以相同方位结合β-CMS的Tyr位点，β-CMS的Phe3作为第二个结合位点，锚定在受体的另一区域。在肠道上皮细胞上未发现有β阿片受体（仅发现有少量δ受体），β-CMS被吸收后，可通过作用于肌层上的受体，发挥阿片样效应。在中枢神经系统，β-CMS还能竞争Tyr-MIF-1（MSH释放抑制因子衍生物）的非阿片受体。

四、酪啡肽的生理功能

（一）对内分泌的影响

β-酪啡肽具有阿片样活性，能够明显提高外周胰岛素和胃泌素的分泌，对胰高血糖素的分泌也有促进作用，可使饲后血浆中生长激素（GH）和胰岛素生长因子（IGF）水平升高。酪啡肽与肠丛阿片受体结合后，可经神经传导引起垂体内源性阿片肽释放。

胃泌素能促进新生动物胃内酸性环境的建立，促进胃、十二指肠发育，从而有助于新生动物机能特别是消化吸收系统的全面发育和完善，加速其对外界环境的适应。一定浓度的β-CM-7能在消化道腔面独特地促进胃泌素分泌，因而展示了其在畜牧业生产中作为促进新生动物消化道发育的饲料添加剂的前景。

（二）对动物采食的影响

添加适量β-酪啡肽可促进动物的采食。酪啡肽对摄食的影响可能与酪啡肽对胰岛素、生长抑素分泌以及胃肠运动的影响密切相关。动物的摄食行为与来源于前胃、胃和肠道传感机制的一些传入信号有关，在胃肠道和中枢神经均存在与摄食相关的前体。可能是因为β-酪啡肽能与这些受体结合后经神经传导作用于摄食中枢，从而影响摄食行为。在胃肠道和中枢神经均存在与摄食相关的前体。推测可能是因为β-酪啡肽能与这些受体结合后经神经传导作用于摄食中枢，从而影响摄食行为（Froetschel 等，1995）。

（三）对胃肠道运动的影响

胃肠运动受中枢与周边神经递质机理作用的调节。β-酪啡肽与其他阿片受体一样，可以与中枢神经系统和肠肌丛中的阿片受体结合，从而影响胃肠运动。这种影响主要是延迟胃排空时间，抑制肠道转运消化物。目前大多数关于β-酪啡肽与胃肠运动功能的研究都是使用离体器官和组织进行的。对体内消化物转运与营养利用的研究甚少，其中有代表性的是 Daniel 等在 1990 年做的一次试验，他对体重 28 g 的小鼠灌胃，发现灌注 10 mg 的酪蛋白与灌注 5 mg 的β-酪啡肽对延迟消化物转运的效果相当，对消化物滞留的影响比灌注小麦或纳洛酮（1 mg/kg 体重）要提高 40% 到 50%。一般来说，酪蛋白中β-酪啡肽-5 的含量在 3.1% 左右，10 mg 酪蛋白中β-酪啡肽-5 的量则为 0.31 mg，Daniel 的试验得出与 5 mgβ-酪啡肽-5 效果相当的结论，可以推测为酪啡肽前体的活性要更高。

（四）镇痛镇静作用

镇痛药是医院临床上最常用的药物之一。然而目前市场上大多镇痛药均具有成瘾性，能严重损害人的身心健康。此外，近年吸毒也成为一个严重的社会问题，而要戒除毒瘾，其有效方法之一，是应用一种既无成瘾性，而镇痛效果又好的药物。自 20 世纪 70 年代首次在动物脑内提取到内源性镇痛物质脑啡肽以来，引起了人们对镇痛多肽的极大兴趣。

在体内（主要脑中），β-酪啡肽能够通过与中枢上 μ 受体高效特异结合而实现其介导麻醉、呼吸抑制、成瘾等作用。Brantl 等给小鼠脑内注射β-酪啡肽，可以产生痛觉丧失。大鼠脑室内注入0.06～2 μmol/Lβ-酪啡肽即足以产生镇痛作用。对老鼠心室注射β-酪啡肽,老鼠痛觉丧失,并且将阿片样肽注入血液后同样会产生镇静镇痛作用。且有资料表明β-酪啡肽没有成瘾性。在预处理的婴儿乳汁品中,高含量的β-酪啡肽-7及其衍生物会减少婴儿的啼哭并增加他们的睡眠。

除此之外试验还表明,酪啡肽可以通过胃肠道被吸收入血液,对免疫功能起到一定的促进作用,饲喂β-酪啡肽-7和β-酪啡肽-3都能促进大鼠淋巴细胞转化功能和红细胞免疫功能(周文华等,2002)。酪啡肽可以影响电解质、个别氨基酸吸收β-CM-4被吸收后,通过作用于肠壁浆膜面阿片受体,降低短路电流(Shout-circuit current, Isc),刺激钠粒子和氯粒子耦联吸收β-CM还可直接同刷状缘上皮细胞作用,改变亮氨酸吸收动力学(V_{max}和K),促进亮氨酸的吸收。据推测,β-酪啡肽还能通过调节淋巴细胞增殖而促进胎儿免疫系统的发育。另外,β-酪啡肽还具有促进神经细胞突生长、增加母子亲情等功能。显而易见,随着研究的不断深入,还会发现β-酪啡肽等外源性阿片肽的其他生理功能。

第二节　酪啡肽的制备方法

一、酶解法

(一)水解酪蛋白的常用酶类

利用酶解的方法可以得到大量短肽,成本也比化学方法低。另外,所用的基质、反应剂及反应条件亦多无害。然而酶解所得的短肽在结构上具有不确定性。常用的蛋白酶及其特性如表5-2所示。

表5-2　常用蛋白酶及其特性表

Table5-2　Proteinase and their speciality

种类	来源	最适pH值	最适温度/℃	特异性
胃蛋白酶	猪或其他动物的胃	1.8～2.0	40～65	作用蛋白水解物及多肽,邻近芳香族氨基酸或二羟基L-氨基酸肽链
胰蛋白酶	动物胰	7～9	55	专一性与Lys或Arg残基相结合

续表

种类	来源	最适 pH 值	最适温度/℃	特异性
凝乳霉	胃，内寄生毛霉属	3.2～4.5	35～45	水解多肽、酰胺及脂，特别是连接 L 型芳香族氨基酸羧基侧的键
木瓜蛋白酶	木瓜	5～7	60～75	专一性较宽，水解多肽、酰胺及脂中连接碱性氨基酸 Leu、Gly 的链
2079 碱性蛋白酶	地衣芽孢杆菌	10～11	40～50	主要断裂疏水氨基酸的 C 端
AS. 1398 中性蛋白酶	枯草芽孢杆菌	7～7.5	45～55	广谱
酸性蛋白酶	黑曲霉	2.5～4	40	内切成小肽和氨基酸
链酶蛋白酶	链霉菌	7～9	35～60	广谱

用于肽链断裂的蛋白水解酶或称蛋白酶(proteinase，protease)已有十多种，并且不断有新的蛋白酶发现并投入使用。最常用的蛋白水解酶有：动物蛋白酶如胰蛋白酶(trypsin)、胰凝乳蛋白酶(糜蛋白酶)(chymotrypsin)、弹性蛋白酶(elastase)、胃蛋白酶(pepsin)；植物蛋白酶如木瓜蛋白酶(papain)、无花果蛋白酶、菠萝蛋白酶；以及蛋白酶-κ、细菌胶原酶、地衣形芽孢杆菌碱性蛋白酶、嗜热菌蛋白酶(thermolysin)、枯草杆菌蛋白酶(subtilisin)、放线菌酶等，有报道说微生物酶具有更高的选择性，但单利用微生物酵解制取活性肽还没见报道。

酶的选择性要求酶的专一性强，并且不会随着水解度的提高出现苦味。针对不同底物，选用不同的混合酶。通常选择胰蛋白酶和胰凝乳蛋白酶的混合物，因为胰蛋白酶能专一性地与赖氨酸或精氨酸残基结合，而胰凝乳蛋白酶仅能水解酪氨酸、苯丙氨酸、色氨酸残基的肽键。在对酪啡肽水解制备的研究中，尤以胃蛋白酶等动物消化蛋白酶最为常见，并且每一种酶都有自己的专一切割位点。Maubois 和 Leonil 讨论了牛奶蛋白来源肽的酶学修正，由于在酶接合底物的结合位点会有相对单一的结构改变，所以丝氨酸蛋白酶，诸如胰蛋白酶，胰凝乳蛋白酶，弹性蛋白酶的底物专一性会有所不同。

1. 胰蛋白酶(trypsin)

胰蛋白酶是一种丝氨酸蛋白酶家族，由 223 个氨基酸组成，丝氨酸家族包括胰蛋白酶、胰凝乳蛋白酶、凝血酶、枯草杆菌蛋白酶、纤溶酶、组织纤溶酶原激活剂等。头三种蛋白酶为消化酶，在胰腺中合成，并以非活性的酶原形式分泌到消化道中，在消化道中酶原通过除去部分肽链转变成活性酶形式。

胰蛋白酶原(trypsinogen)是由胰腺细胞分泌的，进入小肠后，在有 Ca^{2+} 的环境中受到肠激酶(interokinase)的激活，Lys_6-Ile_7之间的肽键被打断，从氨基端水解下一个酸性6肽，使构象发生变化，形成胰蛋白酶的活性部位(His_{57}，Asp_{102}，Ser_{195})，由酶原转变成有活性的胰蛋白酶。胰蛋白酶不仅可以激活胰蛋白酶原，而且还可以激活胰凝乳蛋白酶原、弹性蛋白酶原及羧肽酶原。因此被肠激酶激活形成的胰蛋白酶是所有的胰脏蛋白酶原的共同激活剂，在它的控制下，可以使所有的胰蛋白酶同时起作用。

胰蛋白酶是最常用的蛋白水解酶，专一性强，只断裂碱性氨基酸即赖氨酸或精氨酸残基的羧肽参与形成肽键。用它断裂多肽得到的是以 Arg 和 Lys 为 C-末端的肽段。产生肽断数目一般等于多肽链中 Arg 和 Lys 总数加 1。

胰蛋白酶的活性部位由 His_{57}、Asp_{102}以及 Ser_{195}组成，通过链的回转，这三个有催化作用的侧链在分子表面的凹陷处被带到一起形成一个袋穴，在水解过程中底物就结合在这里。胰蛋白酶的专一性穴袋比较深，在其底部由于 Asp189 而有一个负电荷，可以接受长而带正电荷的碱基侧链。胰蛋白酶在 pH 低于 6 的条件下非常稳定，在 pH 等于 3 时最稳定。在较高 pH 时，它自动消化，即自我催化作用而遭破坏。酶作用于大多蛋白质和合成底物时的最适 pH 范围是 7 ~ 9。钙离子可以对酶起活化作用，一些天然蛋白质抑制剂，如大豆抑制剂、抑肽酶等对它起抑制作用。

2. 糜蛋白酶

此酶专一性不如胰蛋白酶。它断裂 Phe、Trp 和 Tyr 等疏水氨基酸残基的羧基端肽键。如果断裂点邻近的基团是碱性的，裂解能力将增强；是酸性的，裂解能力将减弱。

3. 胃蛋白酶

胃蛋白酶是属于天冬氨酸家族的蛋白酶，天冬氨酸蛋白酶作为一个蛋白水解酶的家族产生于哺乳动物、霉菌和高等植物。天冬氨酸蛋白酶具有多种底物专一性，但它们通常是断裂两个疏水氨基酸之间的肽键。试验表明胃蛋白酶能够有效地切割芳香族氨基酸的结合位点，如 Phe、Try 和 Tyr。

胃蛋白酶的专一性与糜蛋白酶类似，但它要求断裂点两侧的残基都是疏水性氨基酸，如 Phe-Phe。此外与糜蛋白酶不同的是酶作用的最适 pH，前者是 pH 值为 2，后者是 pH 值为 8 ~ 9。由于二硫键在酸性条件下稳定，因此确定二硫键位置时，常用胃蛋白酶来水解。

胃蛋白酶原(pepsinogen)是由胃壁细胞分泌的，相对分子质量为 38.9×10^3，由

392 个氨基酸残基组成。在胃酸 H^+ 作用下，低于 pH5 时，酶原自动激活，从氨基端失去 44 个氨基酸残基-碱性的前体片段后，转变为高度酸性的相对分子质量为 34.6×10^3 的有活性的胃蛋白酶。胃蛋白酶在胃中很酸的环境中消化蛋白质，最适 pH 为 2。胃蛋白酶和天冬氨酸蛋白酶家族其他成员在催化部位含 2 个天冬氨酸残基，一个是以—COOH 形式，另一个是—COO—形式。X 射线晶体结构研究表明，在胃蛋白酶原中已经形成活性部位，在中性 pH 下前片段中的 6 个 Lys 和 Arg 的侧链与胃蛋白酶部分中 Glu 和 Asp 残基的羧基侧链之间形成盐桥，尤其是前体中的 Lys 侧链与活性部位的一对天冬氨酸 Asp_{215} 和 Asp_{32} 之间的静电相互作用，使得前体片段中的碱性氨基酸将活性部位堵塞，所以酶原不表现催化活性。当 pH 降低时，由于几个羧基质子化，破坏了前体碎片和胃蛋白酶部分间的肽键，酶原被激活。H^+ 激活产生的胃蛋白酶还可以进一步再去激活其他的胃蛋白酶原。

4. 木瓜蛋白酶

木瓜蛋白酶专一性较差，断裂位点与其附近的序列关系密切，它对 Arg 和 Lys 残基的羧基肽键敏感。木瓜蛋白酶在番木瓜果中很丰富，另一个类似的蛋白酶是凤梨中的菠萝蛋白酶。

对酪蛋白进行水解的酶类通常为胰蛋白酶、碱性蛋白酶，木瓜蛋白酶对酪蛋白的水解报道较少，天津科技大学的王稳航等人对木瓜蛋白酶酶解酪蛋白制备多肽 - Fe^{2+} 做了初步研究，探讨了以酪蛋白为原料，通过木瓜蛋白酶水解并经超滤分离酶解多肽的优化工艺。

5. 枯草杆菌中性蛋白酶

中性蛋白酶可以广谱水解蛋白质肽键，对于氨基端的不带电荷的氨基酸残基有专一性作用。王隽等人用胰蛋白酶—中性蛋白酶水解酪蛋白制备 CPP。

（二）酪啡肽的酶法制备

1979 年 Brantl 等从酪蛋白的胃蛋白酶水解物中分离出 β-CM-7，Pihlanto Leppala A 用胃蛋白酶和胰蛋白酶处理 β-酪蛋白，从水解产物中获得［Val^0，Pro^8］-β-CM-9。Yoshikawa M 等人用嗜热菌蛋白酶（thermolysin）水解 β-酪蛋白得到了［Val^0，Pro^8］-β-CM-9 和［Val^0，His^8］-β-CM-9，进一步用亮氨酸氨基蛋白酶处理会得到 β-CM-9。在体外牛 β-酪蛋白利用胃肠蛋白酶进行水解可以释放出 β-酪啡肽-7，Yunden Jinsmaa 和 Masaaki Yoshikawa 对此条件进行研究。氨基末端需要胃蛋白酶和亮氨酸氨基蛋白酶来释放，胃蛋白酶和亮氨酸氨基蛋白酶（LAP）可以作用于各种类型的 Pro-β-CMs，胃蛋白酶切割 Leu^{58}-Val^{59} 和 Thr^{80}-Pro^{81}，亮氨酸氨基蛋白酶从氨基端切除缬氨酸，这样得到的肽段显示出强烈的阿片肽活性。

另外在 LAP 作用之后，胃蛋白酶-胰酶制剂消化物表现出强烈的阿片肽活力。

从这种消化物中得到预期的[Pro^8]-β-CM-9 和β-CM-7。进一步研究表明胰酶制剂中胰蛋白酶和胰凝乳蛋白酶(chymotrypsin)切割 Asn^{68}-Ser^{69}位点,还有一种未知蛋白酶水解酪蛋白并释放β-CM-7,-9,和-13 的羧基末端。当第 67 位上 Pro 残基的β-酪蛋白遗传变异为 His,用弹性蛋白酶(Elastase)切割也会释放羧基末端的β-酪啡肽-7。

为了阐明β-CM-7 是从哪种遗传特异性获得的,用胰酶制剂消化混合的[His8]-β-CM-9 和[Pro8]-β-CM-9。β-CM-7 只有从[His8]- β-CM-9 中获得,这种肽不会从[Pro8]-β-CM-9 获得大概是因为水解 Ile7-Pro8 的接合位点很难。这意味着β-CM-7只能从[His67]-β-酪蛋白中获得。从[Pro67]-β-酪蛋白中得到的最短的β-CM 是[Pro8]-β-CM-9。

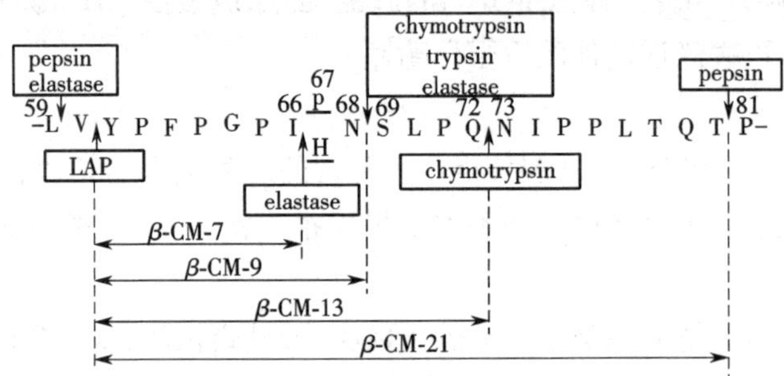

Fig5-1 Cleavage sites in β-casein for gastrointestinal proteases

图 5-1 胃肠蛋白酶水解β-酪蛋白释放β-CMs

除了酪啡肽,酶还可以作用于其他的外源物制备具有阿片活性的肽——外啡肽(Exorphin)。乳清蛋白、小麦麸质、大豆蛋白以及菠菜的酶水解液中都发现了外啡肽物质,因此在食品蛋白水解物中发现的外啡肽主要用于食品工业中提高它们的功能特性。血吗啡是一种从血色素中提取的外啡肽。Pascal Dhulster 等人分离出两种血吗啡 LVVH-7 和 VV-血吗啡-7,各自对应牛血色素中β链 31 ~40 和 32 ~40 序列。这两种血吗啡从牛血色素的胃蛋白酶的水解物中得来。

Shin-ichi Fukudome, Yunden Jinsmaa 通过胃蛋白酶—嗜热菌蛋白酶作用小麦麸质的消化物在胃肠蛋白酶作用下,释放出一种麸质外啡肽(gluten exorphins A)。通过一种竞争性 ELISA,在胃胰腺弹性蛋白酶作用下可以检测到高含量的免疫性物质——麸质外啡肽 A5(Gly-Tyr-Tyr-Pro-Thr)。gluten exorphins A5,B5 和 B4 可以从这种消化物中分离到。这表明在摄取小麦麸质后,胃肠道中释放出这些肽。

二、化学合成法

化学合成广泛用于生产高价值的短的到中长的药理级肽,缺点是成本高,副反应多,而且在反应过程中对健康和环境可能有害。Lottspeich 等首先化学合成得到β-

CM-4 到 β-CM-7 等 4 种酪啡肽，接着 Chang 等用固相合成法得到一活性比 β-CM 强 25～100 倍的四肽——Morphiceptin。

三、直接提取法

一般提取使用的原料是奶酪。由于奶酪是一种发酵制品，牛奶中的酪蛋白大部分已被乳酸杆菌产生的 *X*-脯氨酸-二肽基氨肽酶等酶系降解成短肽，故有可能从中提取到 β-酪啡肽。常用的提取方法是从 Kuchroo 等发明的水法提取和 Harwkar 等发明的有机溶剂提取方法上发展起来的。此法成功与否的关键是发酵用菌种的选择。乳酸杆菌能否分泌 *X*-脯氨酸-二肽基氨肽酶，以及分泌量的大小均会影响小肽的产量。如果发酵液中的酶系很杂，也有可能将酪蛋白酶解成其他不需要的小分子短肽，从而影响目标肽的量，因此菌种的改良是一项非常重要的工作。Matar 等通过诱变方法获得一株瑞士乳杆菌的突变株，用它发酵牛奶，并对发酵液中的小肽用 RP-HPLC-MS 分析检测，发现其主要产物为 β-CM-4。

四、重组菌法

重组 DNA 法生产多肽已有许多成功的报道，然而由于许多生物活性短肽大多只有几个氨基酸，在用重组 DNA 技术方面就存在一个生产效率的问题。张必武认为，可以设计一个叠加方案，即把 β-CM 的基因串联成几个重复序列，每两个重复之间设计一个酶切位点(如 Lys)，然后把这一串基因克隆进质粒载体并转入宿主菌进行表达。表达产物由于预先已有一酶切位点，故只需简单的酶解和下游纯化工艺就可得到纯的具有很高生物活性的小分子多肽。根据这一设想，他们构建了含两个 β-CM-5 重复基因的质粒载体，转入酿酒酵母后得到高效表达。

第三节　酪啡肽制备最佳水解条件的确立

鉴于胃蛋白酶能够水解酪蛋白而生成酪啡肽的报道，选取酪蛋白为最基础试验原料，选取胃蛋白酶为水解酶，通过这部分试验，探讨胃蛋白酶酶解酪蛋白制备酪啡肽的最佳生成条件。最佳生成条件以水解度为参考，以色谱检测结果为最终判断依据。根据平均肽链长度的估计设定 l_{PCL} 为酶水解后得到的多肽的平均链长则 $l_{PCL} \approx 1/DH \times 100\%$，由于目标产物为 7 肽，所以推测最佳水解度为 14% 左右。酶解样品进样的色谱峰的有无与峰形峰面积的比较作为胃蛋白酶酶解酪蛋白制备酪啡肽的最佳生成条件探讨的最终依据。本部分试验首先通过单因素试验研究了底物浓度，酶浓度，温度和 pH 对水解的影响，并依据水解度的差异，选取了单因素最佳条件。而后选取四因素三水平正交试验设计对最佳酶解进行进一步探讨，并根据试验结果结合实际因素得出最佳试验条件。得到最佳水解条件后，继续研究水解时间与水解度的关系，并且参考14%水解度，以0.5 h时间间隔为限制备样品一组7个，以备后面的分离和检测试验。本部分试验的创新点在于，对胃蛋白酶水解酪蛋白的酶促动力学进行了较为详细的研究，尤其是将结合后面的色谱结果确立了胃蛋白酶酶解酪蛋白制备酪啡肽的最佳生成条件，这些试验内容在国内文献鲜有报道。

一、水解试验过程与结果分析

(一)水解试验过程

准确称取定量酪蛋白，碱性条件用85 ℃的0.1 mol/L的氢氧化钠溶液100毫升溶解，再用盐酸或氢氧化钠溶液调节到需要的pH值，并用容量瓶定容。用容量瓶准确倒取100 ml酪蛋白溶液，倒入锥形瓶中，然后加入称好的固体酶，搅拌均匀后置恒温振荡水浴锅中水解，计时并维持酶的最适合作用条件，到时后取出，立即用浓碱液滴定至中性灭酶。先确定影响酶解的温度，pH值，底物浓度，酶浓度4个因素中的3个做单因素试验。再根据单因素试验结果，设计L9(3^4)正交试验，以分析此试验条件下酪蛋白充分水解的条件。

(二)水解试验结果与分析

1. 单因素试验

1)底物浓度与酪蛋白水解的关系

水解条件：酶浓度1%，pH=1.4，温度50 ℃水浴水解2 h。试验结果如表5-3、图5-2、图5-3所示。

表5-3 底物浓度对水解度和水解速度的影响

Table5-3 Effect of substrate consistency on DH and hy hydrolysis speed

底物浓度/(mg/ml)	5	10	15	20	25
DH/%	15.51	10.86	9.19	7.53	5.16
水解速度/(g/h)	0.038 8	0.054 3	0.068 9	0.075 3	0.064 5

酶解动力学分析：Henri和Wurtz提出了酶底物中间络合物学说。该学说认为当酶催化某一化学反应时，酶首先和底物结合生成中间复合物(ES)，然后生成产物(P)，并释放出酶。反应用下式表示：

$$S + E \rightleftharpoons ES \longrightarrow P + E$$

本试验结果也可用次理论解释，在酶浓度恒定条件下，当底物浓度很小时

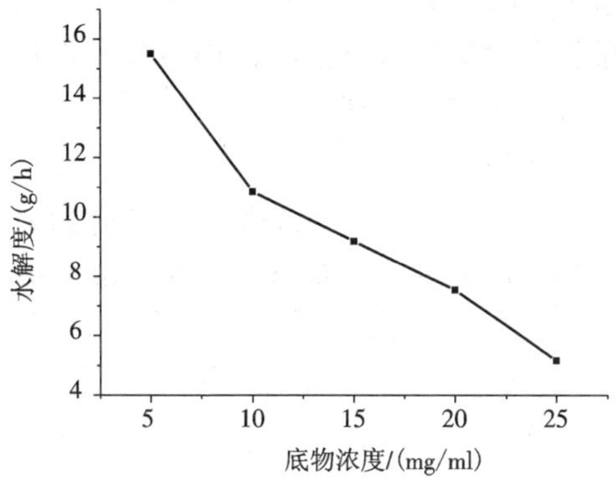

Fig5-2　Effect of substrate consistency on degree of hydrolysis

图 5-2　底物浓度与酪蛋白水解度关系

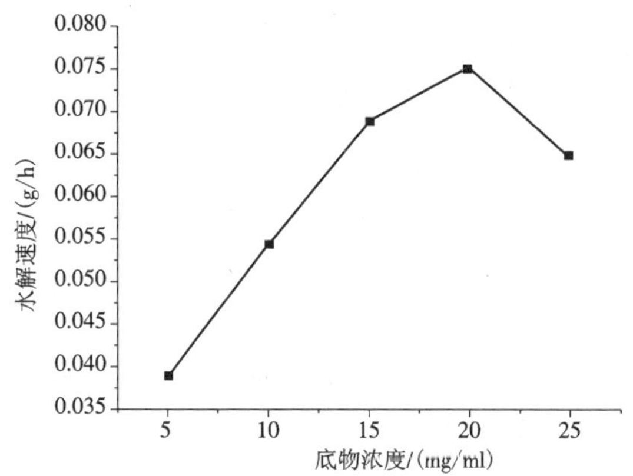

ig5-3　Effect of substrate consistency on hydrolysis speed

图 5-3　底物浓度与酪蛋白水解速度的关系

(5 mg,10 mg)酶未被底物饱和,这时反应速率取决于底物浓度,反应速率与底物浓度的关系成正比关系,表现为一级反应。随着底物浓度变大,根据质量作用定律,ES生成也多,而反应速率取决欲 ES 的浓度,故反应速率也随之增高。当底物浓度超过20 mg 相当高时,溶液中的酶全部被底物饱和,溶液中没有多余的酶,虽增加底物浓度也不会有更多的中间复合物生成,因此酶促反应速率与底物无关,反应达到最大反应速率(V_{max}),反应的平均速度随之下降。

最佳条件确立:根据酶解动力学分析,再结合我们试验所需水解度约为 14%,5 mg/ml 水解度虽然比较理想但是考虑到底物浓度过低可能会导致产物产量过小,底物浓度达到 15 mg/ml 时水解度偏低不能满足试验要求。故最终选择底物浓度为10 mg/ml。

2)酶浓度与酪蛋白水解的关系

水解条件:底物(酪蛋白)浓度 10 mg/ml, pH = 1.4,温度 50 ℃,水浴保温水解 2 h。试验结果如表 5-4、图 5-4、图 5-5 所示。

表 5-4 酶浓度对水解度和水解速度的影响

Table5-4 Effect of enzyme consistency on *DH* and hydrolysis speed

酶浓度/%	0.5	1	1.5	2.0
DH/%	8.36	10.86	11.82	12.05
水解速度/(g/h)	0.041 8	0.054 3	0.059 1	0.060 3

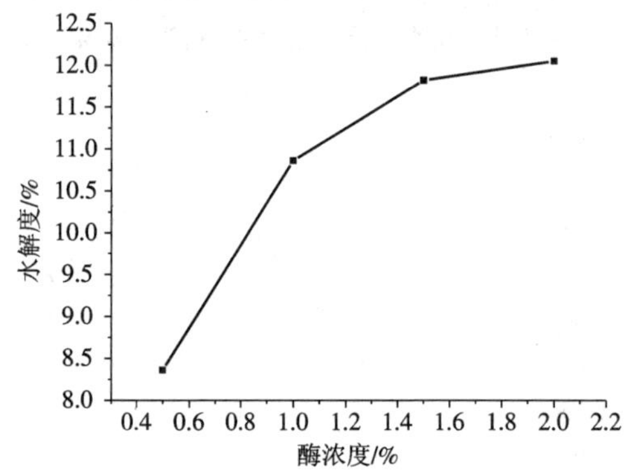

Fig5-4 Effect of enzyme consistency on degree of hydrolyze

图 5-4 酶浓度与酪蛋白水解速度的关系

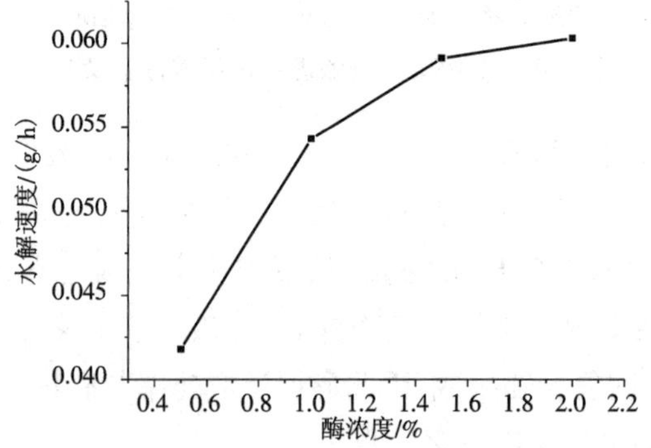

ig5-5 Effect of enzyme consistency on hydrolysis speed

图 5-5 酶浓度与酪蛋白水解速度的关系

酶解动力学分析:由上图可见,在[E] <1% 时候,随着酶浓度的增加,中间复合

物[ES]不断积累,并进一步生成产物 P,使酶解速度不断加快。随着酶浓度的增大,*DH* 值及酶解速率提高;[*E*] >1% 时,反应速率继续增加,但趋于平缓。

在最佳条件确立:根据酶解动力学分析当[E] >1% 时,水解速度提高不明显,结合我们需要的理想水解度为 14% 和经济原因,最终采取酶浓度为 1% 。

3)pH 值与酪蛋白水解的关系

水解条件:酪蛋白 10 mg/ml, 酶浓度 1% ,温度 50 ℃,水浴保温水解 2 h。试验结果如表 5-5、图 5-6、图 5-7 所示。

表 5-5 pH 值对水解度和水解速度的影响

Table5-5 Effect of pH consistency on *DH* and hydrolysis speed

pH	1.2	1.4	1.6	1.8	2.0
DH/%	8.36	10.86	9.82	8.86	6.05
水解速度/(g/h)	0.041 8	0.054 3	0.049 1	0.044 3	0.030 3

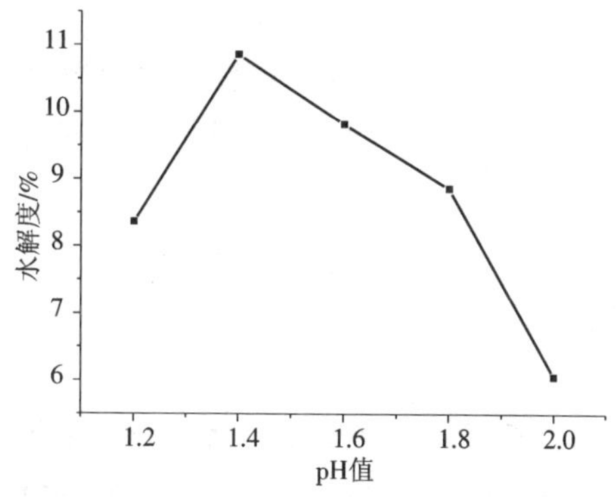

Fig5-6 Effect of pH consistency on degree of hydrolysis

图 5-6 pH 与酪蛋白水解度的关系

酶解动力学分析:酶的活力受环境 pH 的影响,在一定的 pH 下,酶表现最大活力,高于或低于此 pH,酶活力降低,通常把表现出酶最大活力的 pH 称为该酶的最适 pH(optimum pH)。各种酶在一定条件下都具有其特定的最适 pH,因此最适 pH 是酶的特性之一。但酶的最适 pH 不是一个常数,受许多因素的影响,随底物种类和浓度、缓冲液种类和浓度的不同而改变,因此最适 pH 只有在一定条件下才有意义。pH 影响酶活力的原因可能有以下几个方面:过酸或过碱可以使酶的空间结构破坏,引起酶构象的改变,酶活性丧失。当 pH 改变不很剧烈时,酶虽未变性,但活力受到影响。pH 影响了底物的解离状态,或者使底物不能和酶结合,或者结合后不能生成产物;pH 影响酶分子活性部位上有关基团的解离,从而影响与底物的结合或催化,使酶活性降低;也可能影响到中间络合物 ES 的解离状态,不利于催化生成产物。pH 值影

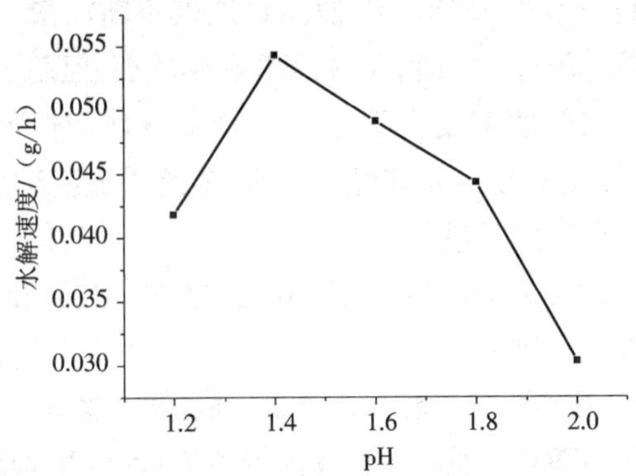

Fig5-7　Effect of pH consistency on hydrolysis speed

图 5-7　pH 值与酪蛋白水解速度的关系

响维持酶分子空间结构的有关基团解离,从而影响了酶活性部位的构象,进而影响酶的活性。

最佳水解条件确立:在其他条件一定的情况下水解度和水解速度随 pH 值的变化呈现抛物线形的变化,故采取 pH 值为 1. 4 为此试验条件下的最适合 pH。

4)温度与酪蛋白水解的关系

水解条件:酪蛋白 10 mg/ml, 酶浓度 1% , pH = 1. 4,水浴保温水解 2 h。试验结果如表 5-5、图 5-8、图 5-9 所示。

表 5-5　温度对水解度和水解速度的影响

Table5-5　Effect of temperature consistency on *DH* and hydrolysis speed

温度/℃	35	40	45	50	55
DH/%	8. 94	9. 65	10. 36	10. 86	10. 46
水解速度/(g/h)	0. 044 7	0. 048 3	0. 051 8	0. 054 3	0. 052 3

酶解动力学分析:大多数化学反应的速率,都和温度有关,酶催化的反应也不例外。在较低的温度范围内,酶反应速率随温度增高而增大,但超过一定温度后,反应速率反而下降,因此只有在某一温度下,反应速率达到最大值,这个温度通常就称为酶反应的最适温度(optimum temperature)。每种酶在一定条件下都具有最适温度。温度对酶促反应速率的影响表现在两个方面,一方面是当温度升高时,与一般化学反应一样,反应速率加快。反应温度提高 10 ℃,其反应速率与原来反应速率之比称为反应的温度系数,用 Q_{10} 表示,对大多数酶来讲温度系数 Q_{10} 多为 2,也就是说,即温度每升高 10 ℃,酶反应速率为原反应速率的 2 倍。另一方面由于酶是蛋白质,随着温度升高,使酶蛋白逐渐变性而失活,引起酶反应速率下降。酶所表现的最适温度是这

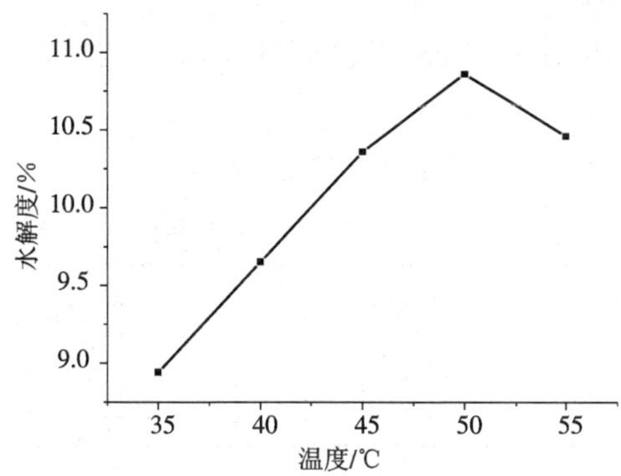

Fig5-8　Effect of temperature consistency on degree of hydrolysis

图 5-8　温度与酪蛋白水解度的关系

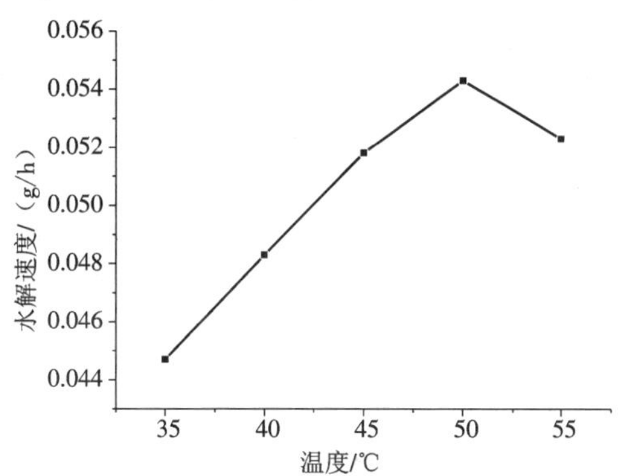

Fig5-9　Effect of temperature consistency on hydrolysis speed

图 5-9　温度与酪蛋白水解速度的关系

两种影响的综合效果。在酶反应的最初阶段,酶蛋白的变性尚未表现出来,因此反应速率随温度升高而增加,但高于最适温度时,酶蛋白变性逐渐突出,反应速率随温度升高的效应将逐渐成为酶蛋白变性效应所抵消,反应速率迅速下降,因此表现出最适温度。最适温度不是酶的特征物理常数,常受到其他条件如底物种类、作用时间、pH值和离子强度等因素影响而改变。如最适温度随着酶促作用时间的长短而改变,由于温度使酶蛋白变性是随时间累加的。一般讲反应时间长,酶的最适温度低,反应时间短则最适温度就高,因此只有在规定的反应时间内才可确定酶的最适温度。

最佳水解条件确立:在其他条件一定的情况下水解度随温度的变化呈现抛物线形的变化,从 30 ℃到 50 ℃水解度和水解速度均呈上升趋势,50 ℃达到最大水解度和水解速度,随后这些数值又随着反应温度的升高而降低,故此水解条件下选取最适合温度 50 ℃。

2. 正交试验结果

水解时间固定为2 h,结果如表5-7、表5-8所示。

表5-7 因素水平表

Table5-7 Levels of factors

底物浓度/(mg/ml)	酶浓度/%	pH值	水解温度/℃
10	0.5	1.2	45
15	1.0	1.4	50
20	1.5	1.6	55

表5-8 $L_9(3^4)$正交试验结果

Table5-8 Results of $L_9(3^4)$

序号	底物浓度/(mg/ml)	酶浓度/%	pH值	温度/℃	水解度/%
1	10	0.5	1.2	45	8.16
2	10	1	1.4	50	11.42
3	10	1.5	1.6	55	13.10
4	15	0.5	1.4	55	6.26
5	15	1	1.6	45	8.70
6	15	1.5	1.2	50	9.52
7	20	0.5	1.6	50	5.30
8	20	1	1.2	55	6.94
9	20	1.5	1.4	45	7.34
K1j	32.68	19.72	24.62	24.2	8.53
K2j	24.48	27.06	25.02	26.24	
K3j	19.58	29.96	27.1	26.3	
k1j	10.89	6.57	8.21	8.07	
k2j	8.16	9.02	8.34	8.75	
k3j	6.53	9.99	9.03	8.77	
W1	2.36	-1.96	-0.32	-0.46	
W2	-0.37	0.49	-0.19	0.22	
W3	-2	1.46	-0.5	0.24	
R	4.73	3.91	1.01	0.92	

各因素最佳水平:A1B3C3D3

估计最佳组合试验值$y=8.53+2.36+1.46+0.5+0.24=13.10$

主次因素:A(底物浓度)>B(酶浓度)>C(pH)>D(温度)

根据单因素和正交表的结果再结合我们需要选取的最佳水解度值和经济因素最后确定最佳水解方案为:酪蛋白底物浓度10 mg/ml,酶浓度1%;pH值=1.6,55 ℃水浴。

二、水解样品制备

根据上述试验结合实际需要确立的最佳酶解条件，在相同试验条件下以时间为调节因素分别水解 0. 5 h,1 h,1. 5 h,2 h,2. 5 h,3 h,3. 5 h 制备酪蛋白水解样品一组 7 个。

以最佳因素为固定条件以水解时间为变化条件做试验样品一组，研究水解时间与水解度的关系，并把样品保留用于后面的分离与检测试验，结果见表 5-9。

表 5-9 水解度与水解时间的关系

Table5-9 Effect of time on hydrolysis degree

时间/h	0. 5	1. 0	1. 5	2. 0	2. 5	3. 0	3. 5
DH/%	7. 76	9. 38	10. 61	11. 42	12. 24	13. 01	14. 15
收集编号	1	2	3	4	5	6	7

我们发现水解度随水解时间的延长而增加，参考理想水解度 14%，我们把水解时间控制到 3. 5 小时，水解度控制到 14. 15%。

第四节 酪啡肽制备最佳分离条件的确立

本部分试验是在前面研究胃蛋白酶水解酪蛋白制备酪啡肽最佳生成条件基础上，继续探索酶解液分离的合适柱层析条件的确立以及样品的分离。参考已有文献报道，主要选取凝胶层析的方式对酶解液进行分离。本部分首先根据试验目标产物的特点，结合凝胶介质的性质选择交联葡聚糖凝胶作为分离介质，并对比 Sephadex-G15 和 Sephadex-G25 分离图谱的效果，然后选择均一胃蛋白酶酶解样品对于层析分离中洗脱缓冲液，紫外检测波长，柱层高度，洗脱流速等因素进行研究，对照分离图谱进行分析并确立各因素最佳选择。在此优化条件下将标准品蓝色葡聚糖凝胶 2000、铬酸钾、*L*-酪氨酸、Vb12、溶菌酶、牛血清白蛋白上柱，用缓冲液以稳定的速度进行洗脱，根据适当的洗脱体积测出其吸光度，绘制标准曲线，对前一部试验制备的水解样品进行分离，根据标准曲线判断洗脱峰的分子量，并以此为依据进行目标洗脱峰的收集，待色谱检测。本部分试验的创新点在于对交联葡聚糖凝胶层析条件进行优化选择，并且建立标准曲线，以指导样品的分离与目标物的收集。这些工作将使酪啡肽的分离更加有科学依据。

一、柱层析分离的试验方法

(一)水解液预处理

1. 真空浓缩

使用旋转蒸发仪对水解样品进行浓缩。温度超过 80 ℃,浓缩倍数小于 1∶5,溶液极易产生大面积颗粒沉淀和浑浊现象,所以在不破坏溶液成分有机成分情况下试验条件选择浓缩条件为:温度 80 ℃,真空度 0.8 MPa,浓缩倍数 1∶5(100 ml 酶解液浓缩为 20 ml),以提高水解液中活性多肽的含量。

2. 离心分离

离心作用是利用装有固体颗粒悬浊液的容器迅速旋转的过程,显著增加的离心力会使颗粒沉降。离心分离的效果主要取决于离心时间和离心加速度的大小。另外,很多离心机都有制冷设备,温度可调,以降低温度对温度敏感的材料的生物活性丧失。本试验采取离心条件为 4 000 r/min,4 ℃,10 min,目的除去未水解的大分子和溶液中的杂质。

3. 真空过滤

离心后样品收集上清液,抽真空过滤除去杂质,收集滤液待分离。

(二)凝胶柱层析条件的确立

1. 凝胶层析分离基本操作

1)凝胶的处理

将所用的干凝胶慢慢倾入 5 ~ 10 倍的蒸馏水中,参照凝胶溶胀所需的时间进行充分浸泡,然后用倾斜法除去表面悬浮的小颗粒,再用 0.5 mol/L NaOH - 0.5 moL/L NaCl 溶液在室温下浸泡 0.5 h,以抽滤法去除碱液,用蒸馏水或平衡液中用抽气方法实现。

2)装柱

装柱前要先将层析柱垂直固定在支架上,采用湿装法装柱。先加适量溶剂到柱内,排走其中的空气,然后把预先用溶剂浸泡好的吸附剂搅匀,随即将此悬浮液连续倾入柱中,待其自然沉降至柱高的 1/4 ~ 1/3 时打开柱下端出口,让溶剂慢慢流出,使柱上端悬浮液徐徐下降至需要的高度。吸附剂表面要平整,应使其一直浸没在溶剂中,严防气泡产生。装好的层析柱应立即与洗脱剂连接,在一定操作压下,控制其流速,让 2 ~ 3 倍柱体积的洗脱剂流过固定相,使其达到平衡,也使固定相高度恒定或离子强度与洗脱剂一致。检查层析柱中基质是否符合填装均匀、松紧一致和没有气泡的标准。

3)上样和洗脱

经过平衡的层析柱,当平衡液流到与固定相表面一致位置时,用滴管轻轻地把分离样品的溶液加到固定表面,尽量避免冲动基质。待样品液的液面流到固定相表面时,用滴管加入洗脱剂,并在柱上端与装有洗脱剂的蠕动泵连接开始洗脱。同时在柱下端打开紫外检测仪与小型台式记录仪进行检测与记录,并开启部分收集器或用量筒进行分级收集。

2. 凝胶柱层析条件的确立

统一选取酪蛋白底物浓度 10 mg/ml,酶浓度 1%,pH 值 = 1.6,55 ℃水浴 2 h 条件下胃蛋白酶水解样品进行柱分离效果比较。本试验条件下分离柱为规格为 1.7 cm×90 cm 圆柱形玻璃柱,检测灵敏度为 0.2 A,进样量 10 ml,流速控制在 1.5 ml/min 到 2.5 ml/min,流速过快会影响到分离效果,过慢会因扩散加剧而影响分离效果,我们经过试验发现流速在此范围内有较好的分离效果。

1)SephadexG15 和 SephadexG25 分离效果对比与选择

SephadexG15 的理想分离范围为小于分子量 1 500 Da,SephadexG25 的理想分离范围为分子量在 1 000 Da 到 5 000 Da。我们欲分离的 β-酪啡肽-7 分子量约为 790 Da,溶液中还含有未水解的酪蛋白大分子和其他多肽分子及单个氨基酸残基,所以我们选择用 SephadexG15 和 SephadexG25 做分离效果对比,以选择最佳分离介质。

2)缓冲液的选择

缓冲液能够为生物大分子保持其结构的完整和保持其生物活性提供合适的而稳定的环境(pH,离子强度,相互制约等)。所以我们层析分离时需要选择合适的缓冲液,在用凝胶层析分离蛋白质和多肽时常用的缓冲液为 Tris-HCl 和磷酸缓冲液,所以我们分别用这两种缓冲液对样品进行洗脱,对照洗脱图谱选择合适的缓冲液。

3)紫外检测波长选择

不同物质的最大吸收波长不一样,所以紫外检测波长的不同可能会导致分离效果不同,我们选择蛋白质和多肽分离常用的 220 nm 和 280 nm 比较分离效果。

4)床层高度的选择

不同的床层高度将对分离的结果产生比较大的影响,过小则分离不完全,过大则会引起样品分离后的过分稀释,而且有效柱增加一倍,分辨率仅提高 40%,而流速要下降 50%,所以我们在试验室现有条件下选择床层高度为 20 cm,40 cm,57.5 cm 进行分离,比较分离效果。

(三)分离标准曲线的建立与样品采集

选择上述试验选择的优化层析条件,用蓝色葡聚糖凝胶 - 2000 及铬酸钾(K_2

CrO_4)测出外水体积 V_0 和总水体积 V_t;然后将标准品分别上柱,用自动部分收集器收集,测其紫外吸光度,绘制洗脱曲线,求出标准样的洗脱体积 Ve 和分配系数 Kav($Kav = (V_e-V_0)/(V_t-V_0)$),以 Kav 为横坐标,$\lg M$ 为纵坐标作图并根据标准样的 $\lg M$ 和 Kav,求出回归方程 $\lg M = A + B \times Kav$ 以及 A 与 B。

制备一份酪蛋白空白样品进样做对照,然后把第一部分制备水解样品一组(1 ~ 7 号),按照优化的层析条件进行分离,并参考分离标准曲线进行目标峰的收集。

二、凝胶层析分离试验条件的确立

(一)凝胶柱层析条件的确立结果

1. Sephadex-G15 和 SephadexG-25 分离效果对比与选择

选取 pH =7. 1 的 Tris-HCl 作为缓冲液,在床层高度 40 cm,洗脱流速 1. 5 ml/min 的固定条件下进行洗脱,280 nm 下紫外检测,洗脱图谱如图 5-10、图 5-11 所示。

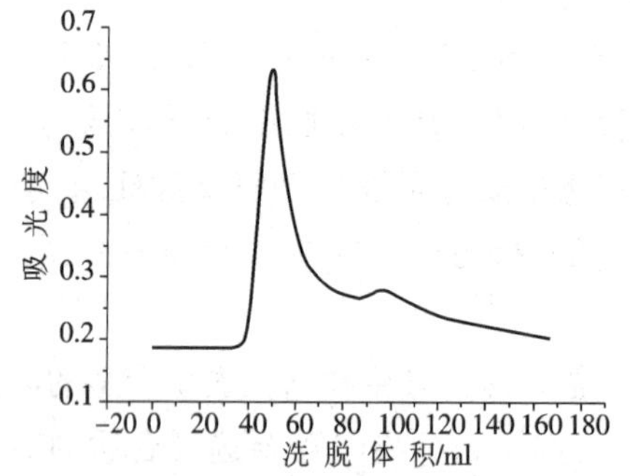

Fig 5-10 SephadexG-25

图 5-10 SephadexG-25 洗脱图谱

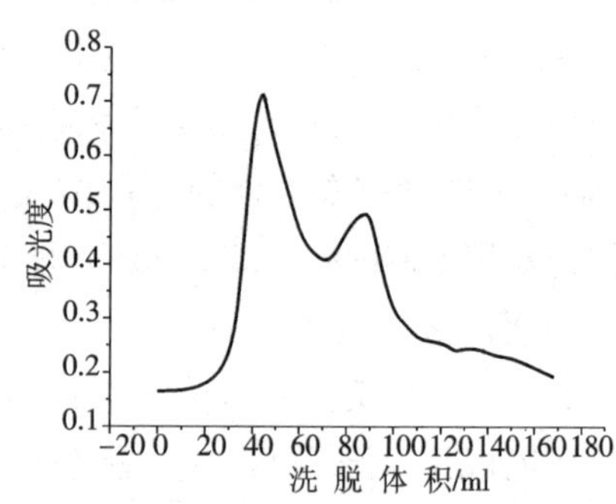

Fig 5-11 SephadexG-15

图 5-11 SephadexG-15 洗脱图谱

结果与分析:从图谱结果分析,SephadexG-15 和 SephadexG-25 均能较理想的分离出第一个峰,估计为水解酪蛋白大分子。但是 SephadexG-25 对水解液中小分子分离结果较差,第二个峰出峰不明显,而 SephadexG-15 第二峰出峰明显,所以我们选择 SephadexG-15 作为下一步凝胶层析分离研究的介质。

2. 缓冲液的选择

分别选取 pH =7. 1 的 Tris-HCl 和 pH =7. 0 的磷酸缓冲液在床层高度 40 cm;洗脱流速 2 ml/min,280 nm 下紫外检测的固定条件下进行洗脱,分析洗脱图谱,选择合适缓冲液。

结果与分析:从洗脱图谱图 5-12、图 5-13 的结果看,pH 值 =7. 1 的 Tris-HCl 缓冲液能够洗脱出 2 个明显的峰,洗脱效果明显优于 pH 值 =7. 0 的磷酸缓冲液,所以我

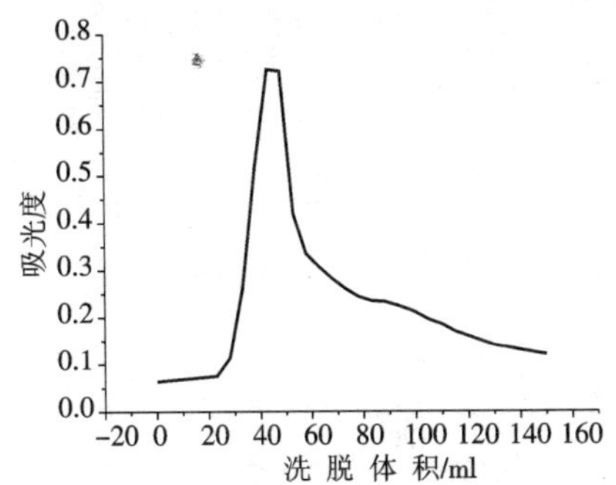

Fig 5-12　buffer Na_2HPO_3- NaH_2PO_3

图 5-12　磷酸缓冲液洗脱图谱

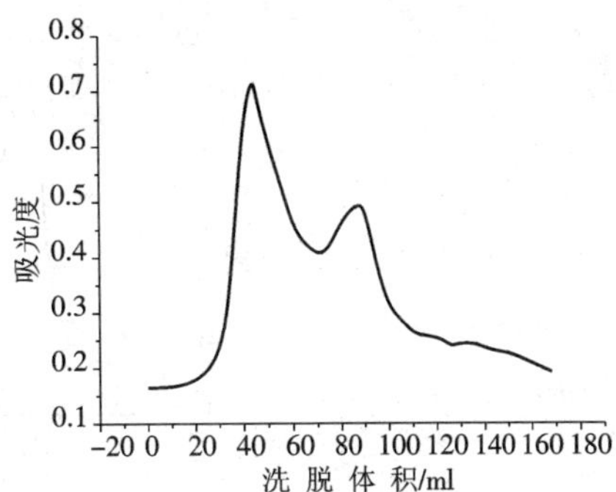

Fig 5-13　buffer Tris-HCl

图 5-13　Tris-HCl 洗脱图谱

们在下一步分离试验中选用 pH =7.1 的 Tris-HCl 缓冲液作为洗脱液。

3. 紫外检测波长选择

选取 pH =7.1 的 Tris-HCl 缓冲液在床层高度 40 cm,洗脱流速 2 ml/min 的固定条件下进行洗脱,选择比较 280 nm 和 220 nm 下紫外检测的洗脱图谱,选择合适紫外检测波长。

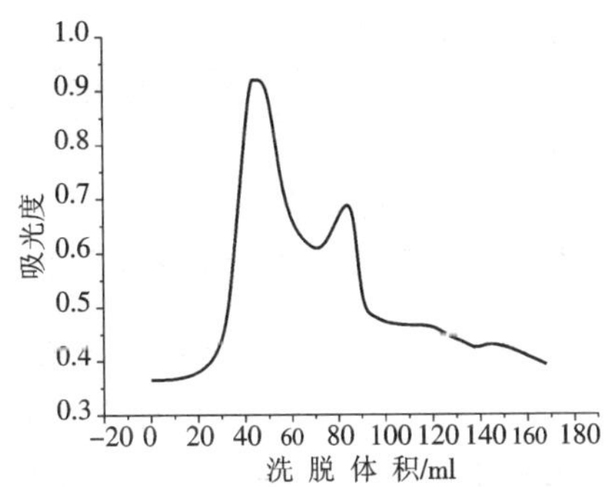

Fig 5-14　220 nm

图 5-14　220 nm 紫外检测洗脱图谱

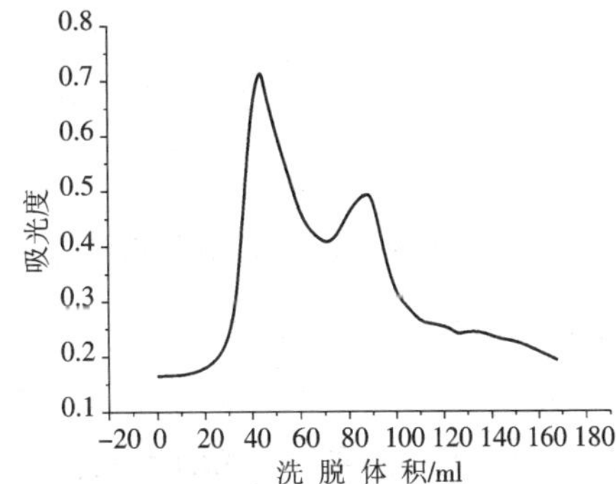

Fig 5-15　280 nm

图 5-15　280 nm 紫外检测洗脱图谱

结果与分析:采用 220 nm 检测图谱显示分离效果欠佳,两个分离峰均出现平峰,而采用 280 nm 检测图谱显示有比较理想的分离效果,故试验采用 280 nm 紫外检测。

4. 床层高度的选择

选取 pH 值 =7.1 的 Tris-HCl 缓冲液,洗脱流速 1.8 ml/min,280 nm 紫外检测的固定条件下选择床层高度为 20 cm,40 cm,57.5 cm 进行洗脱,比较分离效果。

结果与分析:我们可以洗脱图谱观察出来,床层高度为 20 cm 时,洗脱体积过小,分离效果差,第二个峰不能从组分中比较好地分离出来,床层高度为 40 cm 时能达到

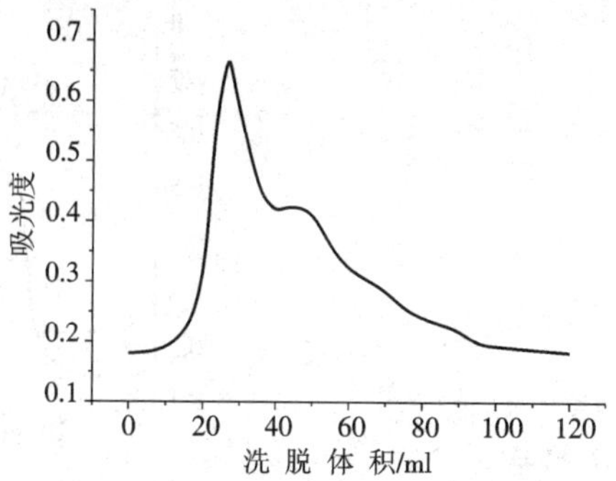

Fig 5-16　20 cm

图 5-16　床层高度 20 cm 洗脱图谱

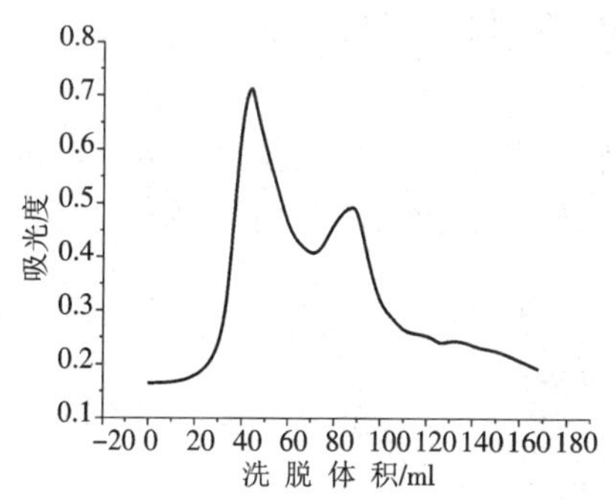

Fig 5-17　40 cm

图 7-17　床层高度 40 cm 洗脱图谱

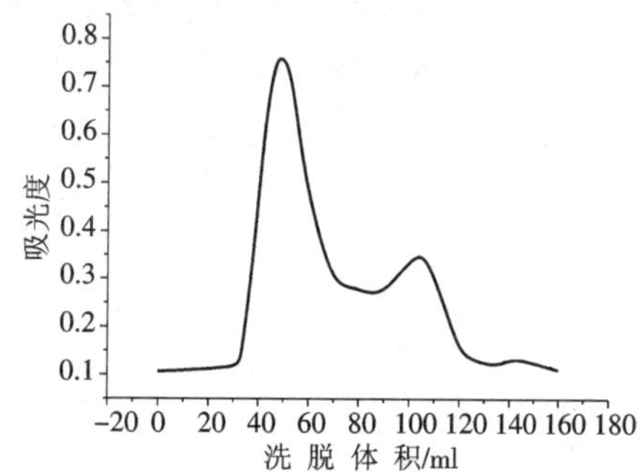

Fig 5-18　57. 5 cm

图 7-18　床层高度 57. 5 cm 洗脱图谱

比较理想的分离效果,能够明显地把两个峰完全分开,床层高度达到 57. 5 cm 时,具有更加理想的分离效果,由于洗脱时间的延长,前两个峰很好的分离开,而且能够分离出分子量更小的第三个峰,所以为了得到更好的分离效果,下一步试验我们采用床层高度 57. 5 cm。

(二)标准洗脱曲线的测定

将标准品配成 5 mg/ml 的溶液,取样 2 ml 上 Sephadex G-15 交联葡聚糖凝胶柱(1. 7 cm×57. 5 cm)。用缓冲液(浓度为 0. 05M Tris-HCl,pH =7. 1)以 1. 7 ml/min 的速度进行洗脱,280 nm 紫外检测,根据适当的洗脱体积测出其吸光度,绘制标准曲线,结果如图 5-19 所示。

由标准品蓝色葡聚糖凝胶 - 2000 的洗脱体积得到凝胶柱的外水体积 V_0 = 42 ml,用铬酸钾的洗脱体积得到凝胶柱总体积 V_t = 129. 5 ml。同时可以得到各标准品的洗脱体积 V_t 及分配系数 *Kav*,结果见表 5-10。

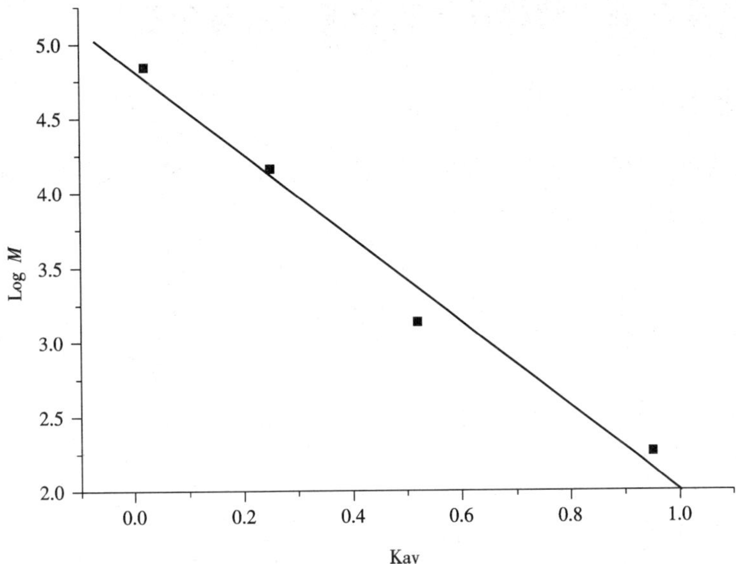

Fig 5-19 The Linear dependence of lg *M* and *Kav*
(the sequence from left to right is bovine serum albumin、lysozyme、Vb12、L-tyrosin)
图 5-19 蛋白质的 lg *M* 与其 *Kav* 的线性关系
(由左向右依次是牛血清白蛋白、溶菌酶、Vb12、*L*-酪氨酸)

表 5-10 几种标准品在 Sephadex G-15 上的 *Kav* 值
Table 5-10 The *Kav* value of standard samples on Sephadex G-15

名称	V_0/ml	V_e-V_0/ml	V_t-V_0/ml	*Kav*	*M*/Da	lg *M*
L-酪氨酸	42	83	87. 5	0. 95	181. 19	2. 26
VB12	42	45. 5	87. 5	0. 52	1 350	3. 13
溶菌酶	42	22	87. 5	0. 25	14. 300	4. 16
牛血清白蛋白	42	2	87. 5	0. 02	67 000	4. 84

根据计算结果,以 *Kav* 值为横坐标,以 lg *M* 为纵坐标,绘制曲线如图 5-19 所示。

因此,可得回归方程:$\lg M = 4.822\,16 - 2.815\,31\ Kav$,回归方程的相关系数为 $R = -0.990\,66$,$SD = 0.189\,66$,$P = 0.009\,34$,说明 lg *M* 与 *Kav* 线性相关。

因此,可以通过标准洗脱曲线回归方程来计算所分离物质的分子量为:$M = 10^{4.822\,16 - 2.815\,31 Kav}$。

三、胃蛋白酶水解样品层析分离结果与分析

(一)水解样品层析分离洗脱图谱

不同水解时间的样品通过凝胶层析分别得到以下图谱,如图 5-20 ~ 图 5-27 所示。

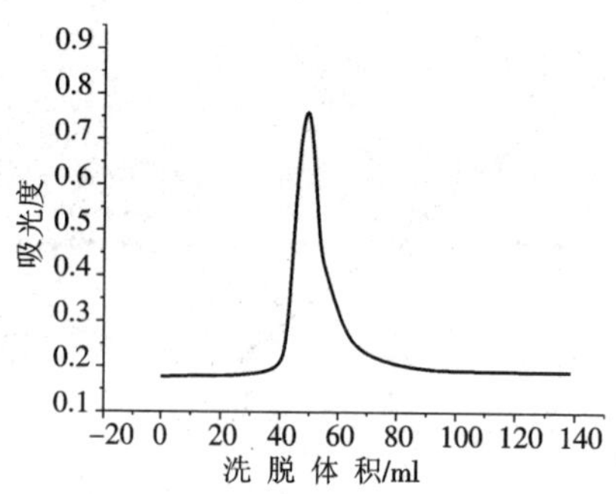

Fig 5-20 Casein

图 5-20 酪蛋白空白洗脱图

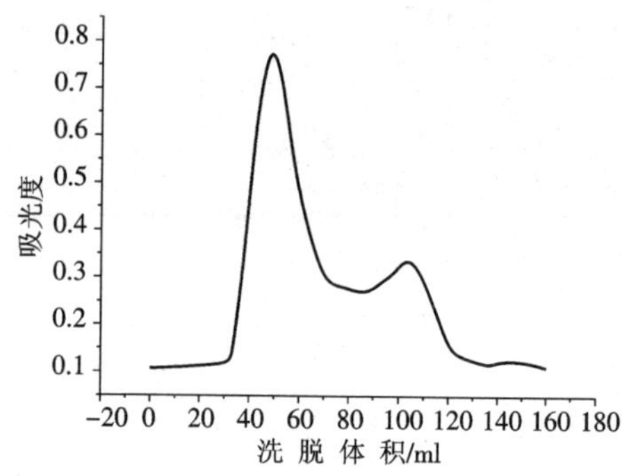

Fig 5-21 Sample No. 1

图 5-21 一号水解样品洗脱图

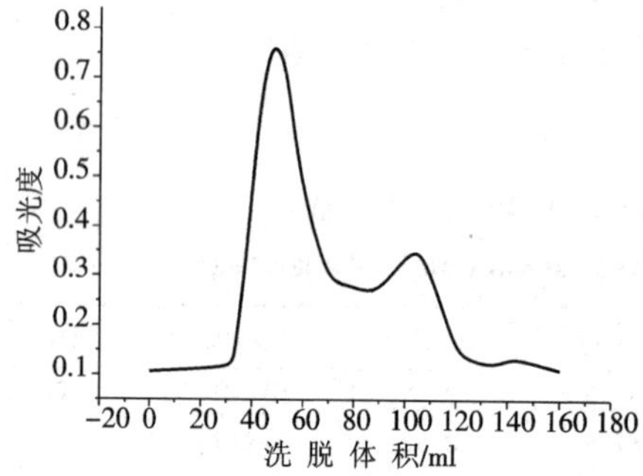

Fig 5-22 Sample No. 2

图 5-22 二号水解样品洗脱图

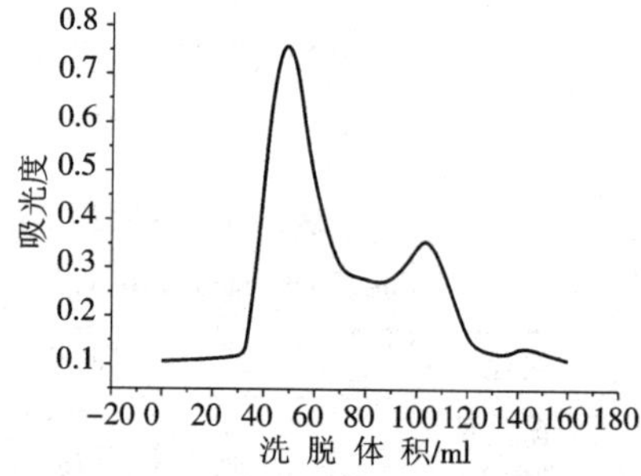

Fig 5-23 Sample No. 3

图 5-23 三号水解样品洗脱图

(二)水解样品分离结果分析

不同水解时间的样品分离结果如表 5-11 和图 5-28 ~ 5-30 所示。

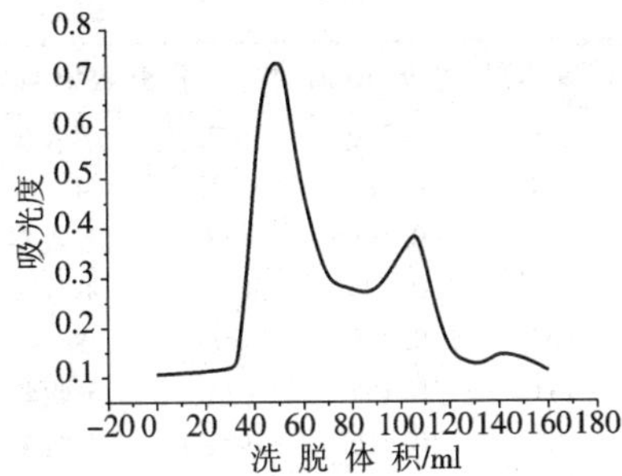

Fig 5-24　Sample No. 4

图 5-24　四号水解样品洗脱图

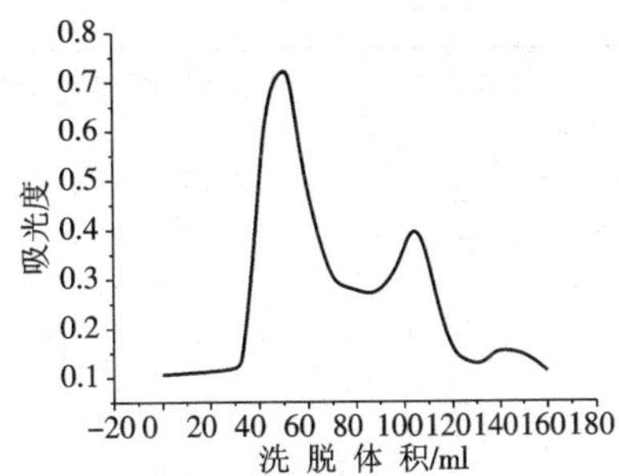

Fig 5-25　Sample No. 5

图 5-25　五号水解样品洗脱图

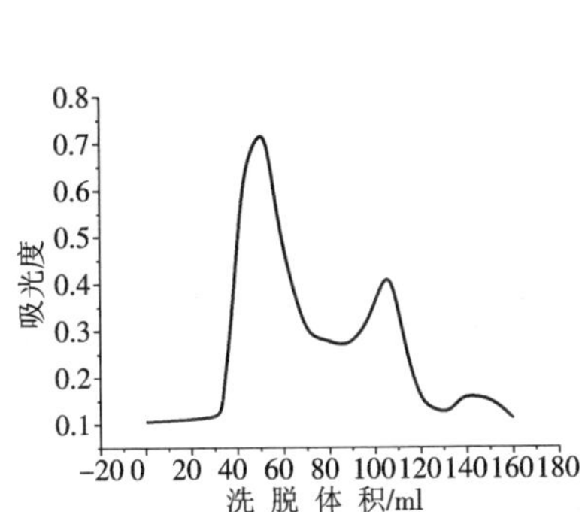

Fig 5-26　Sample No. 6

图 5-26　六号水解样品洗脱图

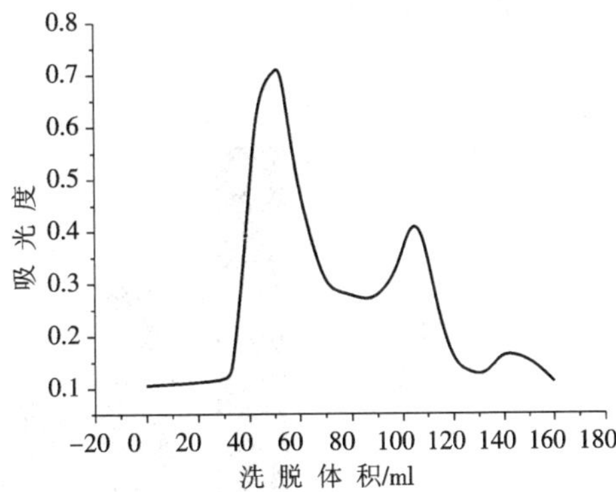

Fig 5-27　Sample No. 7

图 5-27　七号水解样品洗脱图

表 5-11　水解样品分离结果分析表

Table 5-11　Result of separate

图号	水解时间	水解度	出峰序号	洗脱体积	对应 OD 值	对应分子量	收集编号
5-20	0	0	1	50	0.856	36 728	不收集
			1	49	0.788	39 537	不收集
5-21	0.5 h	7.76	2	103	0.341	723	1-2
			3	141	0.125	43	不收集
			1	49	0.767	39 537	不收集
5-22	1 h	9.38	2	104	0.356	671	2-2
			3	142	0.136	40	不收集
			1	49	0.748	39 537	不收集
5-23	1.5 h	10.61	2	103	0.370	723	3-2
			3	142	0.141	40	不收集

续表

图号	水解时间	水解度	出峰序号	洗脱体积	对应 OD 值	对应分子量	收集编号
5－24	2 h	11.42	1	50	0.736	36 728	不收集
			2	104	0.385	671	4－2
			3	141	0.148	43	不收集
5－25	2.5 h	12.24	1	50	0.724	36 728	不收集
			2	102	0.408	780	5－2
			3	141	0.155	43	不收集
5－26	3 h	13.01	1	49	0.716	39 537	不收集
			2	104	0.416	671	6－2
			3	141	0.161	43	不收集
5－27	3.5 h	14.15	1	50	0.706	36 728	不收集
			2	103	0.426	723	7－2
			3	141	0.169	43	不收集

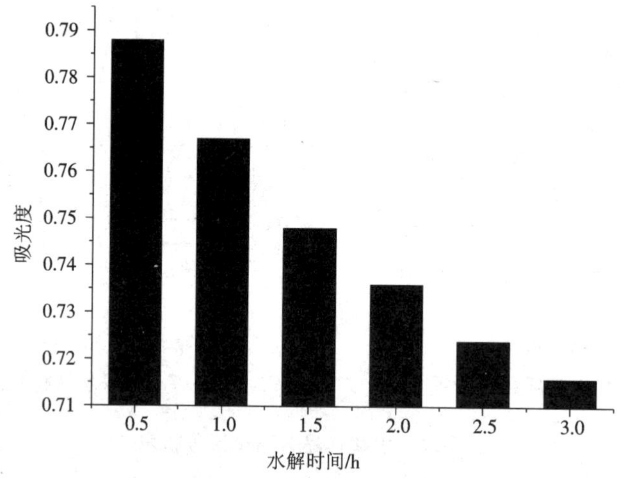

Fig 5-28　OD of the first peak in different hydrolyze time

图 5-28　不同水解时间样品洗脱图谱第一峰吸光度对比

胃蛋白酶水解液水解 0.5 小时到 3.5 h 小时的 1 号到 7 号样品经 Sephadex G-15 分离均得到较为理想的分离效果，分析图谱都得到较为相似的 3 个洗脱峰，而且第一个洗脱峰出峰时的洗脱体积均在 50 左右，根据标准曲线分析其对应分子量为 36 728，我们分析此峰的主要成分为未水解的酪蛋白大分子，第二个洗脱峰出峰时的洗脱体积均在 103 左右，根据标准曲线分析其对应分子量为 727，我们分析此峰的主要成分为被胃蛋白酶水解的多肽物质，包含我们的目标产物，分子量为 790 的 β-CM-7，所以对此峰物质进行收集，待下一步检测。第三个洗脱峰出峰时的洗脱体积均在 141 左右，根据标准曲线分析其对应分子量为 43，我们分析此峰的主要成分为被胃蛋

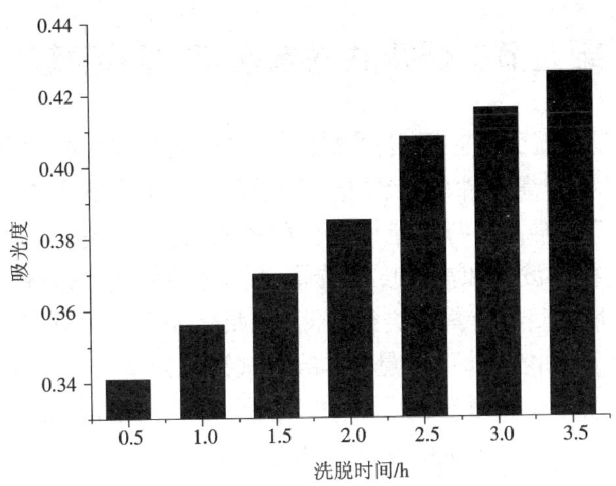

Fig 5-29　OD of the second peak in different hydrolyze time

图 5-29　不同水解时间样品洗脱图谱第二峰吸光度对比

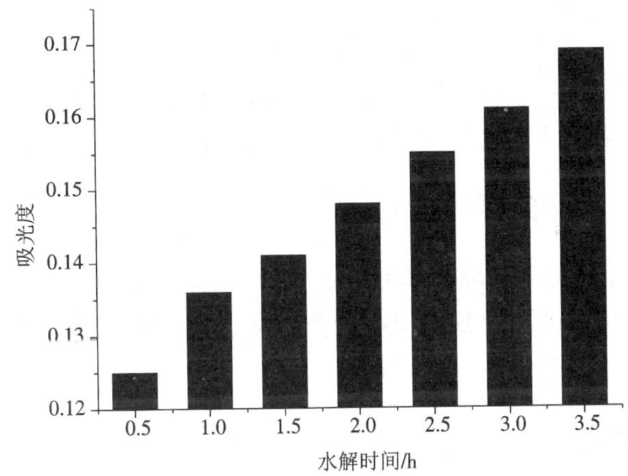

Fig 5-30　OD of the third peak in different hydrolyze time

图 5-30　不同水解时间样品洗脱图谱第三峰吸光度对比

白酶水解的单个氨基酸残基。我们对比酪蛋白空白还可以从洗脱图谱看出来，随着水解时间的延长，水解度的增加，第一个峰逐渐减小，说明更多酪蛋白被分解，第二个峰和第三个峰逐渐增加，说明水解逐渐生多更多的多肽和氨基酸，此分离图谱同时也印证了我们前一部分水解试验的内容。

第五节　酪啡肽的高效液相色谱检测

本部分试验是在前面研究胃蛋白酶水解酪蛋白制备酪啡肽最佳生成条件基础上,探索合适柱层析分离条件的工作上,重点研究了β-酪啡肽-7的分析检测方法。试验以β-酪啡肽-7标准品进行了色谱条件的探索,包括分离柱,流动相的选择以及柱温,柱压,流速,检测波长和灵敏度的选择,使用合适的色谱条件对前面所制备的1~7号样品分离后的目标收集物进行检测,对照标准品保留时间和峰面积,分析检测结果,并定量计算β-酪啡肽-7产量。本部分试验的创新点在于建立了简单有效的β-酪啡肽-7的RP-HPLC检测方法,只采用一种流动相配比而不是梯度洗脱就能有效地检测出β-酪啡肽-7,而且定量地计算了β-酪啡肽-7的产量。

一、酪啡肽的高效液相色谱检测的试验方法

(一)样品预处理

收集柱分离对应目标峰,放入-74度冰箱冷冻8小时,然后放入冷冻干燥机,先打开制冷装置预冷到-54℃,然后把样品依次快速放入干燥机,密封好,开启真空泵,真空冷冻干燥48小时,取出样品,记录干重,待色谱检测。

(二)标准品色谱条件的确立

精密称取β-酪啡肽-7标准品2.65 mg,置5 ml量瓶中,加5 ml甲醇定容,超声波仪助溶,作为标准品溶液。以每次10 μL的进样量用标准品溶液进样液相色谱,选择合适的色谱条件,并做重复性试验,以验证结果。

(三)样品检测

精密称取一定数量样品,置10 ml量瓶中,加10 ml甲醇定容,超声波仪助溶,进样液相色谱,检测出峰情况,并参照公式对比峰面积计算样品中β-酪啡肽-7的含量。溶剂在使用前需用微孔滤膜过滤和超声波仪进行脱气处理。

二、液相色谱检测试验结果与分析

(一)标准品色谱条件的确立

1. 色谱柱的选择

参考文献报道,分离检测多肽最常用固定相为十八烷基,辛烷基,苯烷基和氰基键合相硅胶的色谱柱,本次试验选择大连依利特Hypersil ODS2(5 μm 4.6 mm×150 mm）和 SHIM-PACK VP-ODS C_{18}进行效果比较，发现依利特 Hypersil ODS2 不能出峰或峰型很差不能满足我们试验的要求，而 SHIM-PACK VP-ODS C_{18}（250 ×4.6）具有比较好的分离效果，故采用 SHIM-PACK VP-ODS C_{18}，其主要指标见表 5-12。

表 5-12　SHIM-PACKVP-ODS C_{18}的指标

Table 5-12　The index of SHIM-PACKVP-ODS C_{18}

Particle/μm	Pore Size/nm	Pore Volume/（mL/g）	Specific Surface Area/（m^2/g）
4.7	12.3	1.25	405

2. 检测波长和灵敏度的选择

取β-酪啡肽-7 标准品溶液 20 μL 稀释 100 倍，照紫外—可见分光光度，在 200 ~ 400 nm 波长范围内扫描。结果β-酪啡肽-7 在 278 nm，212 nm 波长处有最大吸收，选择 215 nm 作为检测波长，如图 5-31 所示，灵敏度 AUFS2.0000。

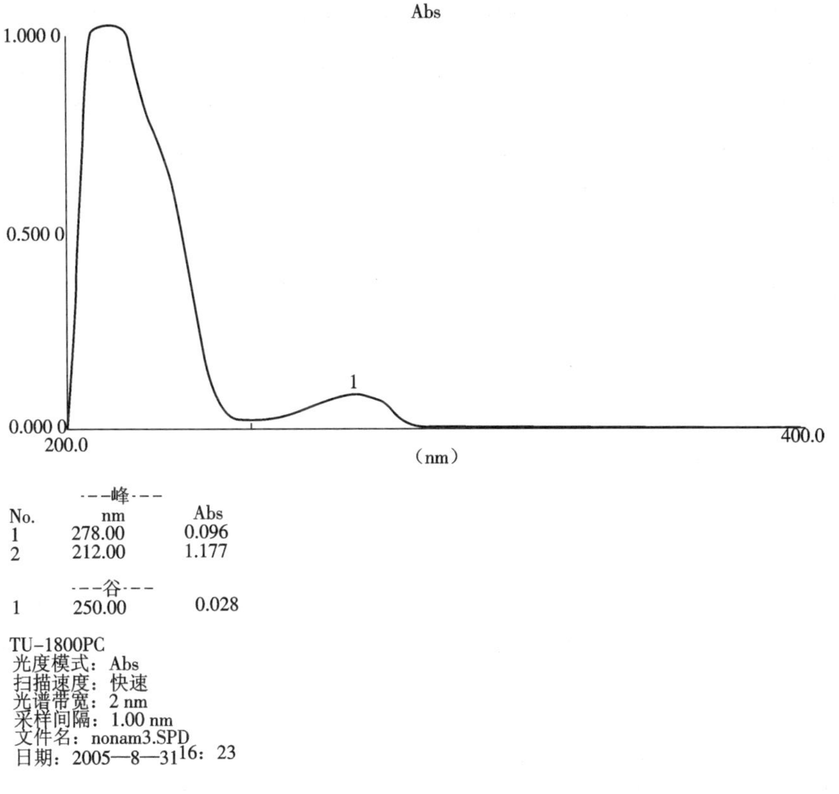

Fig 5-31　Absorption collection of illustrative plates of β-CM-7

图 5-31　β-酪啡肽-7 的吸收图谱

3. 柱温柱压对分离的影响

柱温会影响被检测物质在固定相和流动相中的分配系数,因此温度也是影响分离度的重要因素。试验发现温度偏小会使保留时间延长,而分离度降低,温度过高会损坏色谱柱,我们经过试验发现当柱温到 40 ℃时,可以达到比较理想的分离效果,因此最终确定柱温为 40 ℃。在色谱分离中我们采用系统自然柱压,大约在 9.6 MP。

4. 流动相和流速的选择

液相色谱流动相的种类和配比显著地影响保留值、选择性、柱效和分析速度。对溶剂的一般要求如下。

(1)不与固定相或样品发生化学反应;

(2)混合溶剂互溶性要好;

(3)与检测器匹配;

(4)纯度高;

(5)黏度小。

常用溶剂按大小顺序排列如下:水 > 乙腈 > 甲醇 > 乙醇 > 异丙醇 > 丙酮 > 二氧六环 > 四氢呋喃 > 乙酸乙酯 > 乙醚 > 二氯甲烷 > 氯仿 > 苯 > 甲苯 > 四氯化碳 > 环己烷 > 正己烷 > 正庚烷。本次试验分别选用甲醇—水体系和乙腈—水体系作为流动相,采用甲醇(100%,80%)—水(0,20%)体系;乙腈(30%,25%,20%)—水(70%,75%,80%)体系进行洗脱,比较分离效果。具体情况见表 5-13 和图 5-32、图 5-33、图 5-34。

根据速率理论 $H = AU^{1/3} + B/U + CU$(H 为理论塔板高度,U 为流动相流速,A、B、C 为常数),在一定的流速范围内,流速减少,柱效提高,分离度变大,但若流速过慢,分析时间延长,纵向扩散的影响变大,柱效降低。虽然提高流速可缩短分析时间,但若流速过高,物质来不及分离就被洗出,分离效果差,而且会损坏泵头和色谱柱。因此,流速的选择对分离度的影响也是很大的。我们经过试验最终流速确定为 1 ml/min。

表 5-13 流动相的选择

Table 5-13 The choice of mobile phase

图号	流动相选择	流速(ml/min)	结论
	甲醇—水(100:0)	1.0	90 分钟内未出峰
	甲醇—水(80:20)	1.0	90 分钟内未出峰
5 - 32	乙腈—水(30:70)	1.0	R_t = 5.8 min,峰形不好,峰时间过早
5 - 33	乙腈—水(25:75)	1.0	R_t = 10.8 min,峰形重叠,效果不好
5 - 34	乙腈—水(20:80)	1.0	R_t = 29.912 min,形好,分离好

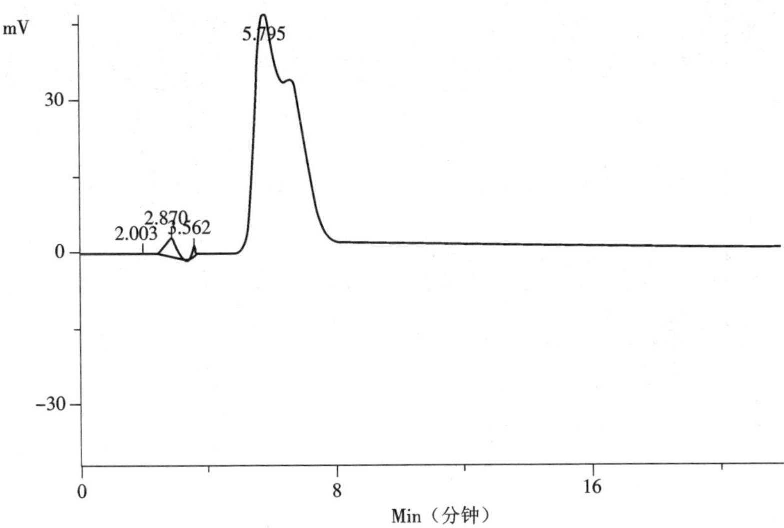

Fig 5-32　Mobile phase, acetonitrile: water (30:70)

图 5-32　流动相，乙腈—水(30:70)

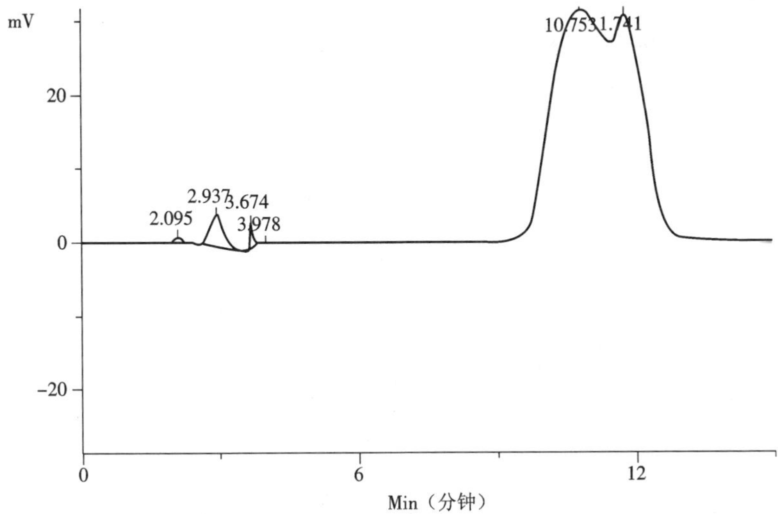

Fig 5-33　Mobile phase, acetonitrile: water (25:75)

图 5-33　流动相，乙腈—水(25:75)

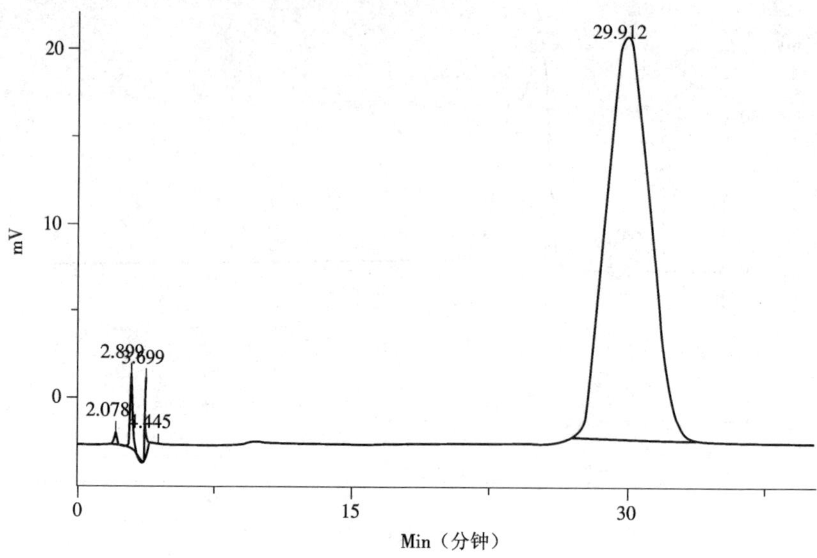

Fig 5-34　Mobile phase, acetonitrile: water (20:80)

图 5-34　流动相，乙腈—水(20:80)

5. 色谱条件的确立

根据上述的试验，我们确定出 β-CM-7 在 SHIM-PACK VP-ODS C_{18} 进行 HPLC 检测的最佳条件为 215 nm 紫外检测，柱温 40 ℃，柱压 9.6 MP，流动相为乙腈—水(20:80)，流速 1 ml/min，进样量 10 μl。对于图 5-34 的色谱分析结果见表 5-14。

表 5-14　分析结果

Table5-14　Analyse result

峰号	组分	保留时间	面积	高度	面积/高度	面积百分比	分离度	拖尾因子	理论塔板	含量
1		2.078	16 686.6	847.6	19.688	0.215 1	3.019	0.912	1087.6	0.0022
2		2.899	105 679.8	4 481.9	25.579	1.362 5	3.019	1.307	1564.9	0.0136
3		3.699	48 260.7	4 716.0	10.233	0.622 2	3.879	3.094	15 109.2	0.0062
4		4.445	1 531.7	125.4	12.216	0.019 7	5.177	1.268	11 130.7	0.000 2
5		29.912	7 584 300.5	23 155.8	327.534	97.780 4	10.921	1.113	704.5	0.9778
合计:			7 756 459	33 326.6		100.000 0				1.000 0

对于标准品 β-CM-7 检测结果见表 5-15。

表 5-15　β-CM-7 的分析结果

Table 5-15　Analyse result of β-CM-7

保留时间	峰面积	峰高度	分离度	理论塔板	含量纯度
29.912	7 584 300.5	23 155.8	10.921	704.5	97.78%

6. 重复性试验

取标准品，按上述色谱条件和检测方法连续进样 5 次，测定各组分的峰面积，计算 RSD，比较试验可重复性，结果见表 5-16。

表 5-16　重复性试验结果

Table 5-16　Result of repetition examination

峰面积	平均峰面积	RSD/%
7 584 300. 5		
7 477 875. 5		
7 358 363. 0	7 476 488	1. 23
7 417 157. 1		
7 544 741. 7		

(二)样品检测结果

(1)样品检测结果

使用最佳液相色谱条件对前面所制备的 1 ~7 号样品分离后的目标收集物进行检测，水解 0. 5 h、1. 5 h、2. 5 h 的 1 号、3 号、5 号样品能够稳定出峰，其色谱图如图 5-35、图 5-36、图 5-37 所示，色谱分析见表 5-17、表 5-18、表 5-19。

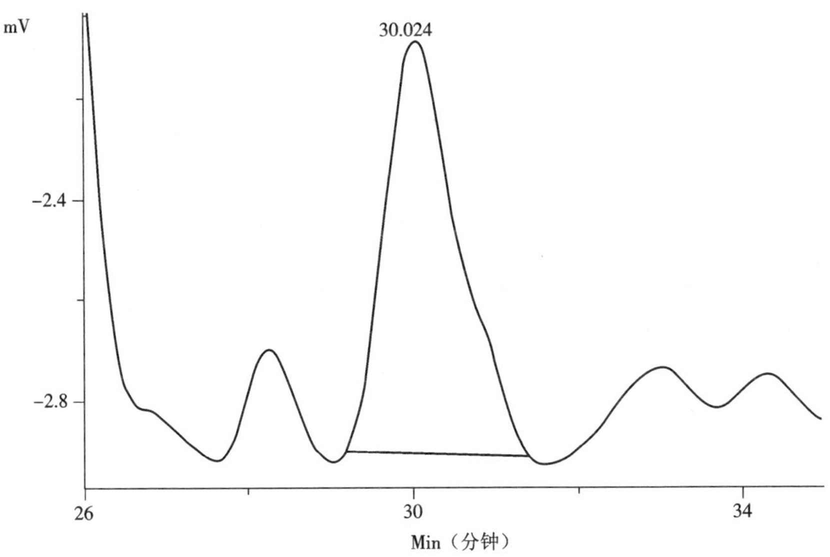

Fig 5-35　Sample No. 1-2

图 5-35　样品 1-2

表 5-17 样品 1-2 结果分析

Table 5-17 Result of Sample No. 1-2

峰号	保留时间/min	峰面积	分离度	拖尾因子	理论塔板
22	30. 024	100 499. 1	2. 821	1. 324	5 774. 1

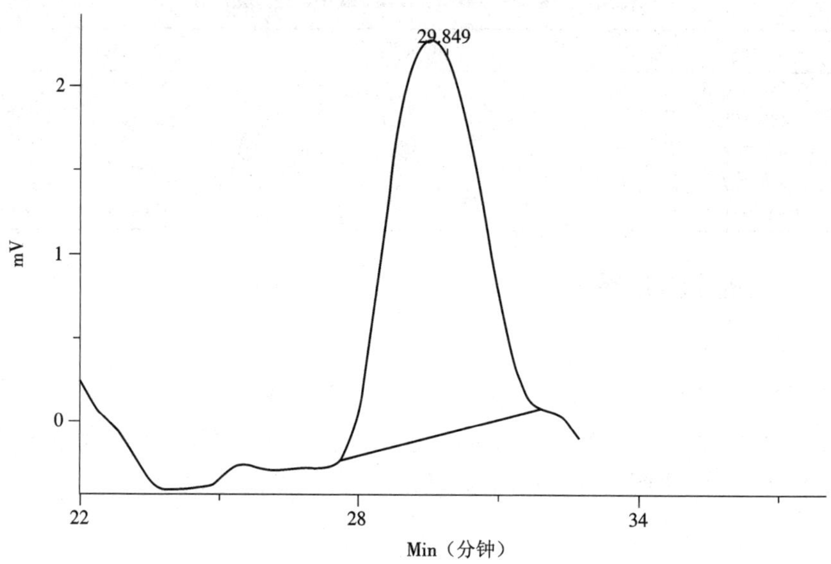

Fig 5-36 Sample No. 3-2

图 5-36 样品 3-2

表 5-18 样品 3-2 结果分析

Table 5-18 Result of Sample No. 3-2

峰号	保留时间/min	峰面积	分离度	拖尾因子	理论塔板
20	29. 849	626 571. 9	3. 712	1. 051	955. 1

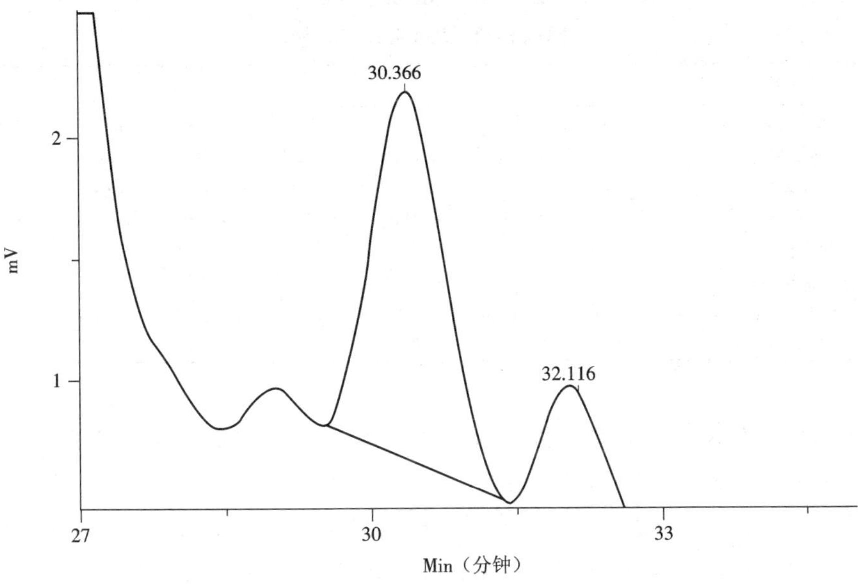

Fig 5-37　Sample No. 5-2

图 5-37　样品 5-2

表 5-19　样品 5-2 结果分析

Table 5-19　Result of Sample No. 5-2

峰号	保留时间/min	峰面积	分离度	拖尾因子	理论塔板
15	30. 366	59 047 064. 6	2. 818	0. 935	7 211. 1

(2)结果分析

采用单点校正峰面积定量测定 β-酪啡肽-7 的含量,从而计算酪啡肽产量。

β-酪啡肽-7 产量计算公式:

$$\text{酪啡肽产量} = \frac{\text{样品峰面积}}{\text{标准品峰面积}} \times \text{标准品浓度} \times \frac{\text{稀释倍数}}{\text{称样量}} \times \text{样品干重}$$

最终实验结果见表 5-20。

表 5-20　样品结果分析

Table 5-20　Result of Sample

样品号	1	2	3	4	5	6	7
水解时间	0. 5 h	1. 0 h	1. 5 h	2. 0 h	2. 5 h	3. 0 h	3. 5 h
水解度	7. 76%	9. 38%	10. 61%	11. 42%	12. 24%	13. 01%	14. 15%
收集编号	1 – 2	2 – 2	3 – 2	4 – 2	5 – 2	6 – 2	7 – 2
干重/g	0. 216	0. 193	0. 188	0. 193	0. 160	0. 174	0. 183
色谱图号	图 5-36		图 5-37		图 5-38		
保留时间/min	30. 024		29. 849		30. 366		
称样量/g	0. 128 0	0. 131 5	0. 123 0	0. 100 0	0. 117 7	0. 148 0	0. 121 3
产量/mg	0. 065		0. 084		0. 134		

我们经过色谱检测,对比标准品的保留时间发现部分样品中含有 β-酪啡肽-7,他们分别是水解 0. 5 h,1. 5 h,2. 5 h 的 1 号,3 号,5 号样品,经过重复进样,结果仍然保持一致。随后对比出峰面积,根据公式计算出 β-酪啡肽-7 的产量,分别为 0. 065 mg,0. 084 mg,0. 134 mg,其中水解 2. 5 h 的 5 号样品以 0. 134 mg 的产量成为最佳制备工艺样品。水解 1. 0 h,2. 0 h,3. 0 h,3. 5 h 的样品均未检测出 β-酪啡肽-7,我们分析可能是样品中 β-酪啡肽-7 浓度过低,未达到检测限。试验结果未出现我们理想中的连续变化关系,而是出现了断点,对此我们还不能做出非常合理的解释,但是我们分析可能是以下几个原因造成:第一方面,我们试验使用的胃蛋白酶纯度欠佳,其中可能含有相当一部分杂质或其他酶类,这些物质可能会对胃蛋白的精确切割位点产生影响,还有可能破坏已经生成的 β-酪啡肽-7。第二方面,在不同水解时间会生成不同的杂质和多肽,这些大量的非目标产物可能会影响到我们的分离与检测。第三方面,在试验操作中可能有一些未知因素而造成比较大的误差,以至于影响了最后的结果。